Arduino 机电控制实践

——从入门到精通

穆为磊　王玉学　著

中国海洋大学出版社
·青岛·

图书在版编目（CIP）数据

Arduino机电控制实践：从入门到精通／穆为磊，王玉学著．—青岛：中国海洋大学出版社，2024.5

ISBN 978-7-5670-3870-7

Ⅰ．①A…　Ⅱ．①穆…　②王…　Ⅲ．①微控制器—程序设计　Ⅳ．①TP368.1

中国国家版本馆CIP数据核字（2024）第103415号

出版发行　中国海洋大学出版社
社　　址　青岛市香港东路23号　　邮政编码　266071
网　　址　http://pub.ouc.edu.cn
出 版 人　刘文菁
责任编辑　矫恒鹏
印　　制　日照报业印刷有限公司
版　　次　2024年5月第1版
印　　次　2024年5月第1次印刷
成品尺寸　185 mm × 260 mm
印　　张　16
字　　数　370千
印　　数　1～1000
定　　价　68.00元
订购电话　0532-82032573（传真）

发现印装质量问题，请致电0633-8221365，由印刷厂负责调换。

前言

在“新工科”专业建设背景下，编者专业开展建设了新工科课程——“Arduino机电控制基础”。在甄选了数本参考教材之后，发现很难找到一本适合于大一新生或者具备简单编程基础而没有嵌入式机电控制开发经验的新手用的教材。现有教材将Arduino当作黑箱，提高了知识的抽象性，增加了新手入门的难度。此外，忽略了新工科对综合创新能力的培养环节。因此，在边建设边编写的过程中，逐渐形成了一套知识体系完整、认知水平递升的参考教材。

Arduino是2005年意大利高校教师为非专业学生开发的一套开源软硬件系统。该系统不需要开发者具备嵌入式开发经验，只需要简单的C语言基础即可开发出功能完整的软硬件系统，从而让学生聚焦创意和概念等上层设计，简化底层功能实现和设计。Arduino一经问世立即引起广泛的关注，在原型样机试制、概念实物化的过程发挥了非常大的作用。

本书整理了基础知识、基本应用和综合案例三个阶段的内容，融合了编程基础、嵌入式技术和基于场景的创新设计，提供了一套进阶学习的方法和过程，为新手的快速入门和专业学生的深度学习提供入门教程。理论介绍力争做到简明扼要，深度适中，通俗易懂。实践过程力争做到操作性强，指导性强，让学生跟着做、做中学、学中创，实现认知水平的递升。本书内容共设置为五个部分，分别是Arduino基础知识、基本控制功能、外部设备介绍、通信模块及应用、综合案例。遵循学生认知水平提升规律，逐步提升综合性和复杂性，以体现理论与实践的结合性强，对学习的指导性强。

在编写过程中，我们参考了许多其他Arduino编程的教材和有关论著，吸收了许多程序爱好者的案例和程序。由于有些开源程序难以追溯原作者，书后所附参考文献仅是本书重点参考的论著。在此，特向在本书中引用的教材、文章的编者和作者表示诚挚的谢意。本书在出版时，得到中国海洋大学教务处的鼓励和中国海洋大学教材建设基金资助，在此深表谢意。穆为磊负责了第1、2、3部分编写，王玉学负责了第4、5部分编写，研究生赵发杰、高宇清、刘聪、苏一晋、李丙航、刘家辰、赵春旭参与所有图片、文字的编辑工作和程序检验工作，并完成了所有图表的绘制和文本格式编辑，在此对他们的辛苦付出深表谢意。

本书虽经几次修改，但由于编者能力所限，不足之处在所难免，敬请读者批评指正。希望本书能对您 Arduino 系统开发、原理样机开发有所帮助。

穆为磊

2023 年 12 月

目 录

第1部分　Arduino基础知识

1.1　Arduino的由来

Arduino是一款便捷灵活、方便上手的开源电子原型平台，包含各种型号的Arduino电路板硬件和Arduino Integrated Development Environment（简称Arduino IDE）集成开发环境软件。由于Arduino IDE使用类似Java、C语言的Processing/Wiring开发环境，具备简单编程基础的初学者即可上手开发简单的应用程序。使用者只要在IDE中编写程序代码，并将程序上传到Arduino电路板，即可实现相应功能。

Arduino是一种可扩展、功能强大的轻量开发平台，可以快速与Adobe Flash，Processing，Max/MSP，PureData，SuperCollider等软件结合，做出有趣的人机互动作品。Arduino也可以通过硬件连接传感器、作动器等，实现信息采集、显示和动作等功能，做出完整功能的系统。此外，Arduino IDE是开放免费的开发环境，互联网上有大量的学习案例和配套的硬件，可以让初学者迅速上手开发出令人惊艳的互动作品和硬件系统。

Arduino是Massimo Banzi、David Cuartielles等研发人员于2005年冬季开发完成的。Massimo Banzi之前是意大利一所高等科技学校的老师。他的学生们经常抱怨找不到便宜好用的微控制器。2005年冬天，Massimo Banzi跟David Cuartielles讨论了这个问题。David Cuartielles是一个西班牙籍芯片工程师，当时在这所学校作访问学者。两人决定设计一套简单轻型的软硬件系统，并引入了Banzi的学生David Mellis为电路板设计编程语言。两天以后，David Mellis就写出了软件开发环境代码。又过了三天，电路板就完工了。Massimo Banzi喜欢去一家名叫di Re Arduino的酒吧，该酒吧是以1000年前意大利国王Arduin的名字命名的。为了纪念这个地方，他将这块电路板命名为Arduino。

随后Banzi、Cuartielles和Mellis把设计图放到了网上。版权法可以监管开源软件，却很难用在硬件上，为了保持设计的开放源码理念，他们决定采用Creative Commons（CC）的授权方式公开硬件设计图。在这样的授权下，任何人都可以生产电路板的复制品，甚至还能重新设计和销售原设计的复制品。人们不需要支付任何费用，甚至不用取得 Arduino 团队的许可。然而，如果重新发布了引用设计，就必须声明原始 Arduino 团队的贡献。如果修改了电路板，则新设计必须使用相同或类似的 Creative Commons（CC）的授权方式，以保证新版本的 Arduino 电路板也会一样是自由和开放的。被保留的只有 Arduino 这个名字，它被注册成了商标，在没有官方授权的情况下不能使用它。

Arduino 发展了十几年，已经有了多种型号及众多衍生控制器，如图 1-1 所示。常用的主板型号有 UNO、NANO、MEGA2560 等。

（a）UNO

（b）NANO

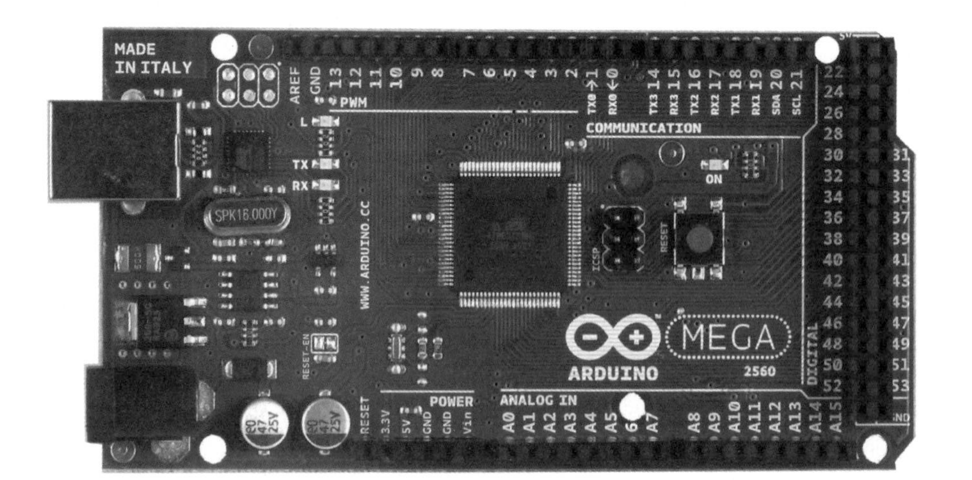

（c）MEGA

图 1-1　Arduino 主板

Arduino UNO、NANO 和 MEGA 提供的引脚数量如表 1-1 所列。

表 1-1　Arduino 主板引脚数量

型号	MCU	数字 I/O	PWM 通道 *	模拟输入	通信接口
UNO	ATmega8	14	6	6	1
NANO	ATmega328	14	6	8	1
MEGA 2560	ATmega 2560	54	15	16	4

*PWM 通道包含在数字 I/O 通道中，属于复用通道，UNO 中模拟量输入引脚也可以做数字量使用，A0 即 14。

1.2　Arduino 特点

从 Arduino 的发展历程，不难看出其具有开放性、简单易学等特点，具体表现为：

● 开放性。

Arduino 的硬件原理图、电路图、IDE 软件及核心库文件都是开源的，在开源协议范围内可以任意修改原始设计及相应代码。

● 简单易学。

Arduino IDE 基于 Processing IDE 开发。对于初学者来说，只需要具有简单的编程基础即可上手，极易掌握。Arduino 语言基于 Wiring 语言开发，是对单片机 AVR-GCC 库的二次封装，不需要掌握单片机硬件基础和汇编程序，即可快速地进行硬件开发。

● 发展迅速。

Arduino 不仅是全球最流行的开源硬件，也是一个优秀的硬件开发平台，更是硬件开发的趋势。Arduino 简单的开发方式使得开发者不必关注底层硬件设计和程序开发，更侧重创意与实现等上层工作，从而更快地完成自己的创意项目，大大节约了学习的成本，缩短了开发的周期。

● 跨平台。

Arduino IDE 具有较好的跨平台能力，可以在 Windows、Macintosh OS X、Linux 三大主流操作系统上运行，而其他的大多数控制器只能在 Windows 上开发。

基于 Arduino 的上述优势，越来越多的专业硬件开发者已经开始使用 Arduino 来开发他们的项目、产品；越来越多的软件开发者使用 Arduino 进入硬件、物联网等开发领域；部分高校的自动化、软件、机械甚至艺术等专业，开设了 Arduino 相关课程。

1.3　Arduino IDE 安装与使用

（1）下载 IDE 并安装。

最新版的开发环境可以从官网下载：http://www.arduino.cc/en/Main/Software，如图 1–2 所示，建议选择“Windows Installer”安装，避免安装软件的版本不兼容问题。

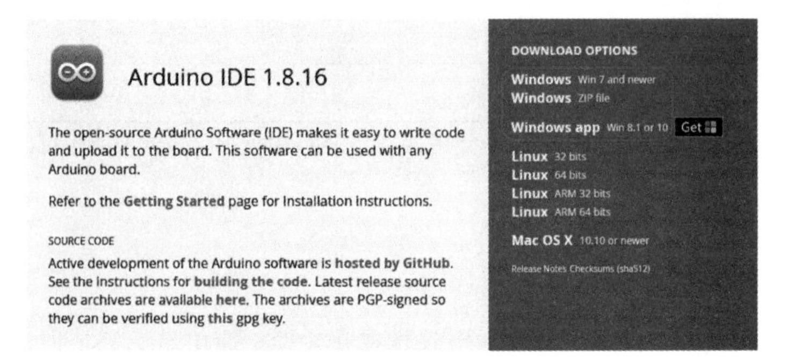

图 1–2　Arduino IDE 下载页面

（2）安装驱动程序。

如果选择的是带有“Arduino UNO CC”授权标志的学习板，Arduino IDE 自带驱动，不用安装其他驱动即可连接电脑使用。如果选择的是国产 Arduino 学习板，需要在配套的光盘上找到驱动程序并安装；安装结束后，通过 USB 线连接到电脑，查看设备管理器，如果出现相应的串口号，说明驱动安装成功。

（3）Arduino IDE 设置语言。

若界面为英文，可通过下面操作修改界面语言。点击 File->Preferences，进入首项设置，如图 1–3 所示。

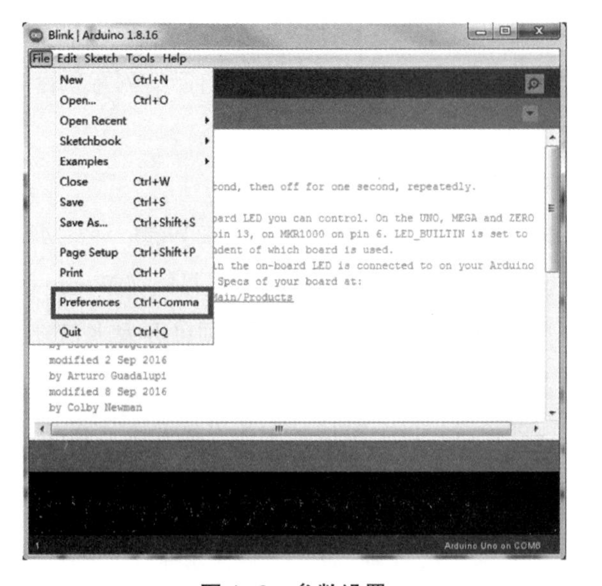

图 1–3　参数设置

在 Editor language 栏选择“简体中文”，并点击“OK”，如图 1-4 所示。

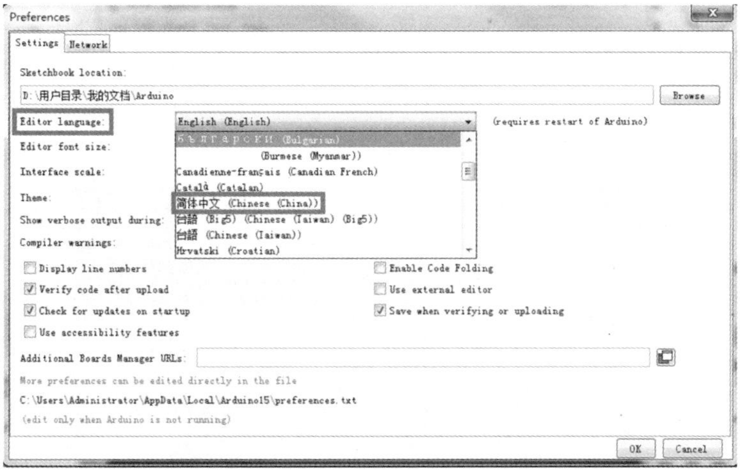

图 1-4　参数设置界面

重新启动软件就可以变为简体中文环境，如图 1-5 所示。

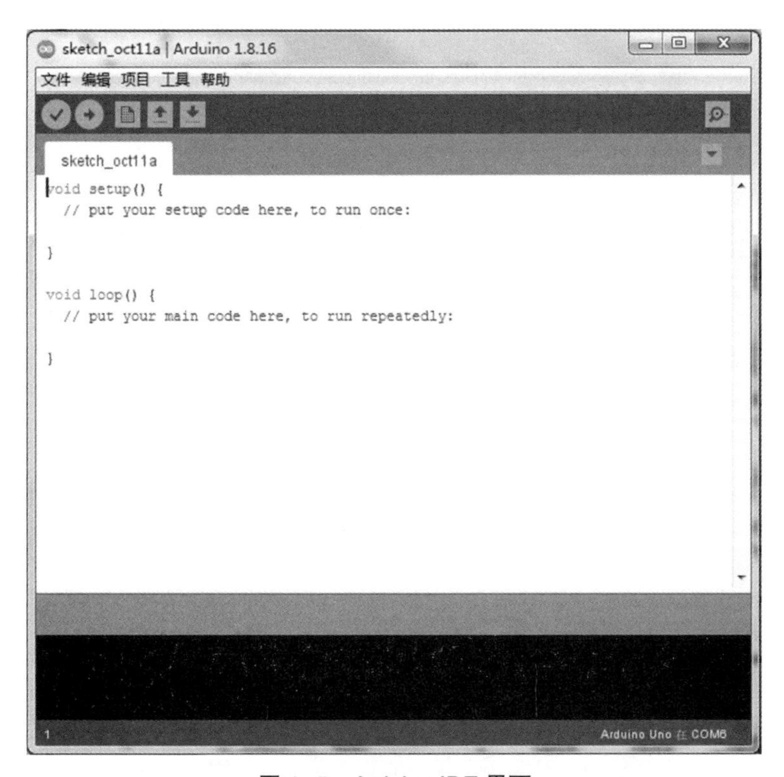

图 1-5　Arduino IDE 界面

（4）下载程序设置。

① 将 Arduino UNO 开发板的 BOOT 模式设置到 On 档，Vcc 电压设置为 5V。

② 通过 USB 线将开发板接入电脑。若模块电源指示灯点亮说明工作正常。

③ 依次点击 File -> Example -> 01.Basics -> Blink 即可打开示例程序。如图 1–6 所示。（Example 中保存有各种示例程序，写程序的时候可以参考示例程序）

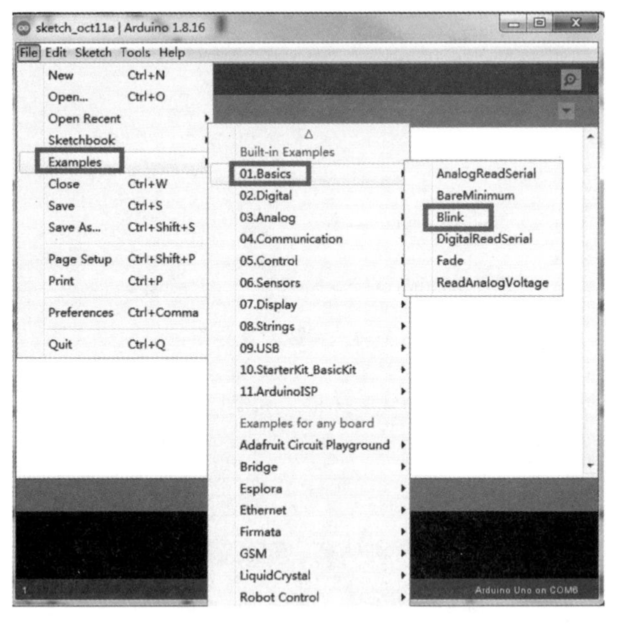

图 1–6　Arduino IDE 提供的案例

④ 点击 Tools ->Board ->Arduino Uno 选择 Arduino 开发板型号，这里只需要配置一次，之后操作都会默认使用该型号，如图 1–7 所示。

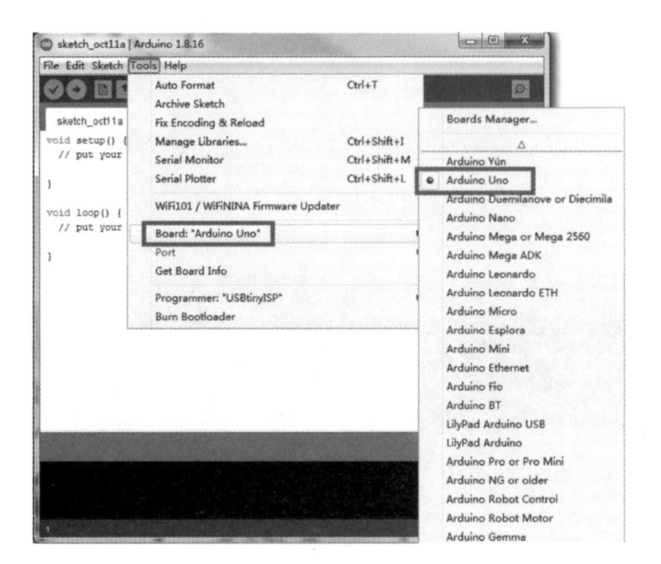

图 1–7　设定 Arduino 主板型号

⑤ 点击 Tools ->Serial Port ->COM7 配置 Arduino 开发板的下载口。注意：这里的 COM7 会根据不同电脑而不同，需要通过设备管理器来查看具体的串口号，如图 1-8 所示。

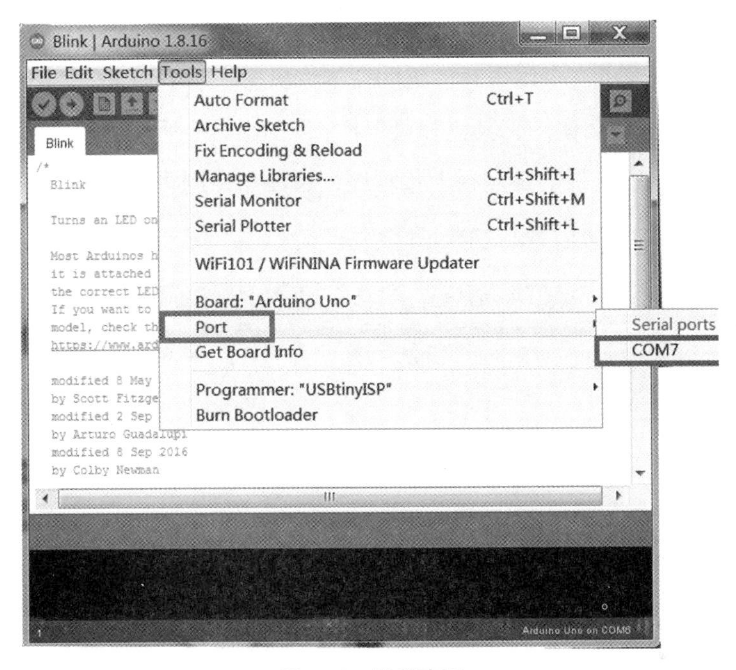

图 1-8　设置窗口

⑥ 点击编译按钮，开始编译程序。没有错误的话，会提示“Done compling”和生成的文件大小，如图 1-9 所示。

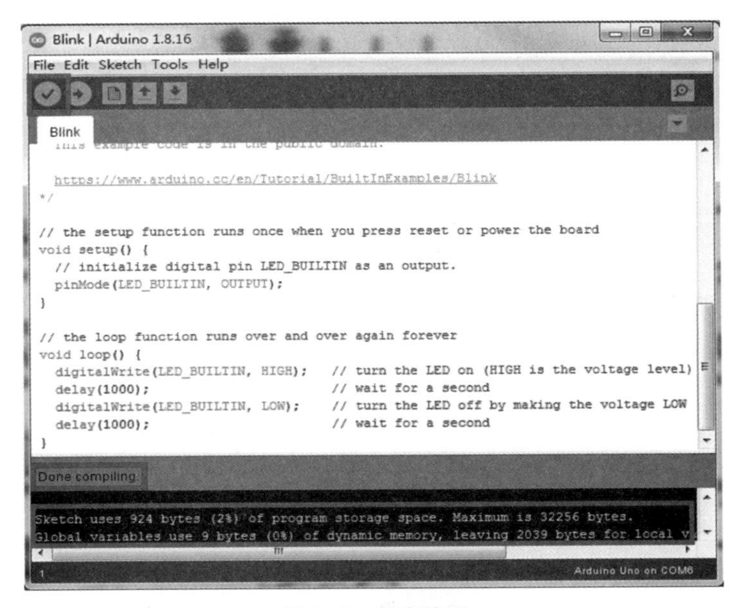

图 1-9　程序编译

点击下载按钮，开始下载程序。结束后会看到 UNO 板载 LED 以 1 秒周期开始闪烁，说明程序下载成功，运行正常。

1.4 Arduino IDE 界面功能介绍

Arduino IDE 包含了一个用于写代码的文本编辑器、一个消息区、一个文本控制台以及一个带有常用功能按钮的工具栏和菜单栏，如图 1-10 所示。软件连接 Arduino 和 Genuino 之后，能给所连接的控制板上传程序，还能与控制板相互通信。

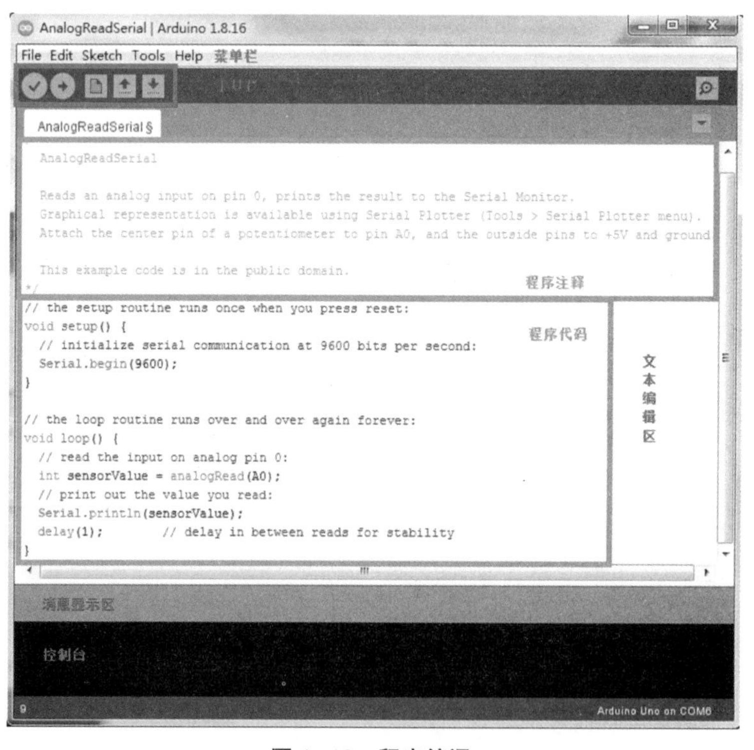

图 1-10　程序编译

使用 Arduino IDE 软件编写的代码被称为项目（Sketches），这些项目写在文本编辑器中，以 .ino 的文件形式保存，软件中的文本编辑器有剪切 / 粘贴和搜索 / 替换功能；当保存、输出以及出现错误时消息区会显示反馈信息。窗口的右下角会显示当前选定的控制板和串口信息；控制台会以文字形式显示 Arduino IDE 软件的输出信息，包括完整的错误信息以及其他消息；工具栏按钮包含验证、下载程序、新建、打开、保存以及串口监视器的功能，如下表所列。菜单栏包含五个部分：文件、编辑、项目、工具、帮助。这些菜单中的操作与内容是相关的，所以只有那些与当前操作有关的菜单才能使用。

注意：Arduino 软件（IDE）1.0 之前的版本中项目的保存格式为 .pde，能够用 1.0

版本的软件打开这些文件，同时软件会提示将这些项目保存为 .ino 的形式。

检查	检查代码的语法错误。
上传	编译代码并且上传到选定的控制板中。
新建	创建一个新的项目。
打开	弹出一个窗口显示 .ino 后缀的项目，选择其中一个项目会打开相应的代码，新的项目会覆盖当前的项目。 注意：如果你需要打开的项目在列表的最后，那么需要通过菜单中的文件	项目文件夹来选择。
保存	保存你的项目。
串口监视器	打开串口监视器。

1.4.1　文件

新建	创建一个新的项目，自动生成初始化和主程序框架。
打开	通过计算机的文件管理器打开一个指定的项目。
Open Recent	提供一个最近打开过的项目的列表，可以通过选择打开其中一个。
项目文件夹	显示目前项目文件夹中的项目，可选择其中一个打开。
示例	显示 Arduino 软件（IDE）或是库文件提供的每一个例子，所有这些例子通过树形结构显示，这样就能通过主题或库的名字轻易地找到对应的示例程序。
关闭	关闭当前选中的程序。
保存	用当前的名字保存项目，如果文件还没有命名，则会弹出“另存为”窗口要求输入一个名字。
另存为	允许用另一个名字保存当前的项目。
页面设置	显示用于打印的页面设置窗口。
打印	按照页面设置中的设定发送当前的项目给打印机。
首选项	打开首选项窗口能够自定义 IDE 参数，比如语言环境、字体等。
退出	关闭所有 IDE 窗口，当下次打开 IDE 的时候会自动打开同样的项目。

1.4.2 编辑

撤销	撤销你在编辑区的一步或多步操作。
重做	当你撤销之后，可以通过重做再恢复一步对应的操作。
剪切	删除选择的文本放置在剪切板中。
复制	复制选中的文本放置在剪切板中。
复制到论坛	复制项目中的代码放置在剪切板中，复制的内容包括完整的语法颜色提示，适合粘贴到论坛中。
复制为 HTML 格式	以 HTML 形式复制项目中的代码放置在剪切板中，适合将代码嵌入到网页中。
粘贴	将剪切板中的内容放在编辑区的光标处。
全选	选中编辑区的所有内容。
注释 / 取消注释	在选中行的开头增加或移除注释，标记符 //。
增加缩进	选中行的文本内容向右移动，行首缩进。
减少缩进	选中行的文本内容向左移动，行首减少缩进。
查找	打开查找和替换窗口，在当前的项目中查找特定的文字。
查找下一个	将光标移动到下一个查找到的文字，并高亮显示（如果有的话）。
查找上一个	将光标移动到上一个查找到的文字，并高亮显示（如果有的话）。

1.4.3 项目

验证 / 编译	检查代码中编译的错误，并在控制台显示代码使用存储区的情况。
上传	编译并通过设定的串口上传二进制到选定的控制板当中。
使用编程器上传	这将覆盖控制板中的引导程序；你需要使用 工具 > 上传引导程序 来恢复控制板，这样下次才能再通过 USB 串口上传程序。不过这种形式允许你的项目使用芯片的全部存储区。
Export Compiled Binary（导出编译的二进制代码）	保存一个 .hex 文件作为存档或是用其他工具给控制板上传程序。
显示项目文件夹	打开当前项目所在的文件夹。
Include Library（导入库）	在代码开头通过 #include 的形式添加一个库文件到你的项目当中。另外，通过这个菜单项能够访问库管理器，并且能够从 .zip 文件中导入新库。
添加文件	添加源文件到项目中（会从当前位置复制过来）。新的文件会出现在项目窗口中的新选项卡中。可以通过小三角形图标的选项卡菜单命令来删除文件，选项卡菜单位于串口监视器按钮的下方。

1.4.4 工具

自动格式化	格式化之后代码看起来会更美观，比如，大括号内的代码要增加一段缩进，而大括号内的语句缩进更多。
项目存档	将当前的项目以 .zip 形式存档，存档文件放在项目所在的目录下。
编码修正及重载	修正了编辑字符与其他系统字符间可能存在的差异。
串口监视器	打开串口监视器口，通过当前选定的串口查看与控制板之间交互的数据。通常这个操作会重启控制器，如果当前控制板支持打开串口复位的话。
板	选择你使用的控制板，详细信息参考各个控制板的介绍。
端口	这个菜单包含了你电脑上所有的串口设备（真的串口设备或虚拟的串口设备），每次打开工具菜单时，这个列表都会自动刷新。
编程器	当我们不是通过 USB 转串口的连接方式给控制板或芯片上传程序的时候，就需要通过这个菜单选择硬件的编程器。一般你不需要使用这个功能，除非你要为一个新的控制器上传引导程序。
上传引导程序	这个菜单项允许你给 Arduino 上的微控制器上传引导程序，如果你是正常使用 Arduino 或是 Genuino 控制板这个菜单项不是必需的；如果你购买了一个新的 ATmega 微控制器的话（通常都不包含引导程序），那么这个菜单项非常有用。在为目标板上传引导程序时要确保你从“控制板”菜单中选择了正确的控制板。

1.4.5 帮助

通过帮助菜单能够轻易地找到和 Arduino IDE 相关的各种文档。在未联网的情况下能够找到入门、参考资料、IDE 使用指南以及其他的本地文档，这些文档是官方网站资源的拷贝，通过它们能够链接到官方网站。

1.5 基本语法介绍

Arduino 语法是建立在 C/C++ 基础上的，也遵循基础的 C 语法。为了方便学习，Arduino 语法将相关的一些参数设置都函数化，不用初学者去了解底层函数。对于了解 AVR 单片机的初学者更容易上手。

Arduino 语法的关键字、语法符号、运算符、数据类型和 C 语言大同小异，这里不详细介绍，有需要的可到官网了解。

1.5.1 常量

HIGH/LOW 表示数字 IO 口的电平，HIGH 表示高电平（1），LOW 表示低电平（0）。

INPUT/OUTPUT 表示数字 IO 口的方向，INPUT 表示输入（高阻态），OUTPUT 表示输出（AVR 单片机能提供 5V 电压，40mA 输出）。

1.5.2 变量类型

Arduino 提供了各种变量类型用于有效的保存数据，基本数据类型如表 1–2 所列：

表 1–2 数据类型

数据类型	字节	范围	备注
void			表示无返回值函数声明
char	1	-128 ~ 127	
String		相当于 char 类型的数组	
Array		数组	
boolean	1	True, false	占一个字节的内存
unsigned char	1	0 ~ 255	
byte	1	0 ~ 255	
int	2	-32768 ~ 32767	在 Arduino Due 上是 4 个字节
unsigned int	2	0 ~ 65535	
word	2	0 ~ 65535	
long	4	-2147483648 ~ 2147483647	
unsigned long	4	0 ~ 2^{32}-1	
short	2	-32768 ~ 32767	
float	4	-3.4028235E+38 ~ 3.4028235E+38	
double	4		在 Arduino Due 上有 8 个字节，其余的跟 float 相同

1.5.3 程序结构

新建一个项目后，在主程序界面默认有 void setup ( ) 和 void loop ( ) 两个函数，其中前者用作初始化变量，管脚模式，调用库函等，后者用于连续执行函数内的语句。

在 Arduino IDE 开发项目时，没有发现传统 C/C++ 程序使用的入口函数 main。实际上 main 函数存在于 Arduino 核心库中（.. \hardware\arduino\samd\cores\arduino\main.cpp），且仍然是程序的入口，打开 main.cpp 文件可见其核心内容如下：

```
int main(void)
{
        init();
        initVariant();
#if defined(USBCON)
        USBDevice.attach();
#endif
        setup();
        for (;;) {
                loop();
                if (serialEventRun) serialEventRun();
                  }
        return 0;
}
```

通过以上程序可见，Arduino 程序中编写的 setup 和 loop 函数都在 main 函数中被调用，loop 的循环执行通过 for 循环来实现的，且每次 loop 结束后，都会进行串口事件判断，也正是因为这种设计，串口事件不能实时响应。

1.5.4　运算符

程序中具有大量的运算表达式，所涉及的运算包括位运算、逻辑运算和算术运算。常用的运算符有：

（1）求空间长度运算符：sizeof。

（2）值：左值（变量）= 右值。

由于编译系统是不能直接运算不同类型间的数据，必须转换为同类型方能运算。通常可以直接采用隐式转换将不同类型的数据进行转换，如：int Num= (float) A; 将浮点数 A 的整数部分赋值给 Num。

（3）算术运算符：+、-、*、/、%（取余数）。

运算优先级：* / % + - ；结合方式：从左往右。

需要注意：% 只对整型数据，int%int；整数相除得整数，小数省略，int/int=int。需要保留小数时可以先将整数转为浮点，然后相除，并将结果赋值给浮点变量；char-(char)->char；char-(int)->int；(float/double)->double（可提高精度）。

（4）位运算符：

位运算符的操作对象是数据位，将两个同样位数的变量按位进行运算，包括右移 >>、左移 <<、与 &、或 |、异或 ^、取反 ~，运算结果如表 1-3 所列。

表 1-3　位运算示例

a	b	a&b	a|b	a^b	~ a	~ b
0	0	0	0	0	1	1
0	1	0	1	1	1	0
1	0	0	1	1	0	1
1	1	1	1	0	0	0

对于移位指令，是把一个数的所有位都向左或向右移动若干位。如：

```
int i = 1;
i = i << 2; // 把 i 里的值左移 2 位
```

1 的 2 进制是 000...0001（这里 1 前面 0 的个数和 int 的位数有关），左移 2 位之后变成 000...0100，也就是 10 进制的 4，所以说左移 1 位相当于乘以 2，那么左移 n 位就是乘以 2 的 n 次方了。注意：有符号数第一位是符号位，左移有可能导致符号变化，所以有符号数不完全适用。对于无符号数左移 << 表示乘以 2，右移 >> 表示除以 2，可以根据情况用左 / 右移做快速的乘 / 除运算，这样会比循环效率高很多。移位操作符的两个操作数必须是整型的。7 二进制数为 0111，右移一位之后二进制数变成 0011，是 3，不是 7/2=3.5！

（5）判定运算符：

通常在逻辑判断语句中用到大于 >、小于 <、大于等于 >=、小于等于 <=、不等于 != 和非 !，其运算结果为逻辑值真（1）或假（0）。如：if(1>2){…} 的结果为假，{} 中的程序不执行。if(2>1){…} 的结果为 1，{} 中的程序执行。

（6）自增自减运算符：

变量自增 ++ 和变量自减—可以简化程序代码，不过符号位置不同运算结果也不同。如：n=i++; //n=i，结果先取 i 的值，然后 i+1；n=++i; //n=i+1，先自增 1，再赋值；n=i--; // n=i，结果先取 i 的值，然后 i-1；n=--i; //i 先自减，（结果）再取（i）值。

（7）三目运算符：

做逻辑判断然后确定逻辑结果时可以用三目运算符，表达形式为：表达式 1 ？表达式 2：表达式 3。如：TempA>=TempB ? LEDA:LEDB; // 如果温度传感器 A 的值大于等温度传感器 B，那么 LEDA 变量值为 1,LEDB 变量值为 0。之后可以直接输出变量状态。

1.5.5　运算符优先级：

运算符优先级如表 1–4 所列。

表 1–4　运算符优先级

运算符	功能	结合方式
( ) [ ] ->	括号，数组，结构成员	由左向右
! ~ ++ -- + - * & sizeof	非，按位取反，自增，自减，正负号，间接，取地址，求大小	由右向左
* / %	乘，除，取余	由左向右
+ -	加，减	由左向右
<< >>	左移，右移	由左向右
< <= >= >	小于，小于等于，大于等于，大于	由左向右
== ！ =	等于，不等于	由左向右
& ^ |	按位与，异或，或	由左向右
&& ||	逻辑与，逻辑或	由左向右
？ :	三目运算	由左向右
= += -= *= /= &= ^= != <<= >>=	各种赋值	由左向右

1.6　Arduino IDE 常用函数

1.6.1　主体程序

setup() 当一个程序启动时，setup() 函数就会被调用。它可以用来初始化变量、引脚模式、开始使用库等。setup() 函数只在 Arduino 板的每次上电或复位后运行一次。

loop() 连续循环，可以改变程序状态和响应事件，实时控制 Arduino 板。

1.6.2　数字 I/O 函数

pinMode(pin, mode)　数字 IO 口输入输出模式定义函数，pin 表示想声明的引脚，UNO 核心板为 0 ~ 13，mode 表示设置为输入模式 INPUT、输出模式 OUTPUT 或内部上拉模式 INPUT_PULLUP。

digitalWrite(pin, value)　数字 IO 口输出电平定义函数，pin 表示为 0 ~ 13，value 表示为 HIGH 或 LOW。比如定义 HIGH 可以驱动 LED。

int digitalRead(pin)　数字 IO 口读输入电平函数，pin 表示为 0 ~ 13，value 表示为 HIGH 或 LOW。比如可以读按钮开关状态。

1.6.3 模拟 I/O 函数

int analogRead(pin) 模拟 IO 口读函数，pin 表示想声明的引脚，UNO 核心板为 0 ~ 5。比如可以读模拟传感器（10 位 AD，0 ~ 5V 表示为 0 ~ 1023）。从指定的模拟引脚读取数值。Arduino 板包含一个多通道的 10 位模拟数字转换器。这意味着它将把 0 到工作电压（5V 或 3.3V）之间的输入电压映射成 0 到 1023 的整数值。例如，在 Arduino UNO 上，这产生了一个读数之间的分辨率，5 伏 /1024 个单位或每单位 0.0049 伏（4.9 毫伏）。

analogWrite(pin, value) 数字 IO 口 PWM 输出函数，Arduino 数字 IO 口标注了 PWM 的 IO 口可使用该函数，UNO 核心板 pin 取值 3, 5, 6, 9, 10, 11，value 取值为 0 ~ 255。将一个模拟值（PWM 波）写入一个引脚。可用于以不同的亮度点亮 LED 或以不同的速度驱动电机。在调用 analogWrite() 后，该引脚将产生一个指定占空比的稳定矩形波，直到下一次在同一引脚上调用 analogWrite()（或调用 digitalRead() 或 digitalWrite()）。

1.6.4 时间函数

delay(ms) 延时函数（单位 ms），在指定的时间量暂停程序。

delayMicroseconds(us) 延时函数（单位 us），该函数的作用是接受一个以微秒为单位的整型数字参数，执行等待。一毫秒等于一千微秒，一秒钟等于一百万微秒。相比 delay 函数它的单位更小，也就是说可以更精确的执行控制。

1.6.5 数学函数

min(x, y) 求最小值

max(x, y) 求最大值

abs(x) 计算绝对值

constrain(x, a, b) 约束函数，下限 a，上限 b，x 必须在 ab 之间才能返回。

map(value, fromLow, fromHigh, toLow, toHigh) 约束函数，value 必须在 fromLow 与 toLow 之间和 fromHigh 与 toHigh 之间。

pow(base, exponent) 开方函数，base 的 exponent 次方。

sq(x) 平方

sqrt(x) 开根号

1.6.6 声音函数

tone(pin,frequency,duration) 在一个引脚上产生一个特定频率的方波（50% 占空比）。持续时间可以设定，否则波形会一直产生直到调用 noTone() 函数。该引脚可以连接蜂鸣器或其他喇叭播放声音。在同一时刻只能产生一个声音。如果一个引脚已经在播放音乐，那调用 tone() 将不会有任何效果。如果音乐在同一个引脚上播放，它会自动调整频率。使用 tone() 函数会与 3 脚和 11 脚的 PWM 产生干扰（MEGA 板除外）。

如果要在多个引脚上产生不同的音调，则要在对下一个引脚使用 tone() 函数前对此引脚调用 noTone() 函数。

1.6.7 脉冲宽度

pulseIn(pin,value,timeout) 读取一个引脚的脉冲（HIGH 或 LOW）。例如，如果 value 是 HIGH，pulseIn() 会等待引脚变为 HIGH，开始计时，再等待引脚变为 LOW 并停止计时。返回脉冲的长度，单位微秒。如果在指定的时间内无脉冲函数返回。此函数的计时功能由经验决定，长时间的脉冲计时可能会出错。计时范围从 10 微秒至 3 分钟。timeout 超时时间，默认为 1s。

1.6.8 串口函数

Serial.begin() 设置串行数据传输的数据速率，单位为每秒比特。对于与串行监测器的通信，确保使用其屏幕右下角菜单中列出的波特率。然而，也可以根据需要指定其他的速率。例如，通过引脚 0 和 1 与一个需要特定波特率的组件进行通信。可选的第二个参数用于配置数据、奇偶校验和停止位。默认是 8 个数据位，无奇偶校验，一个停止位。

Serial.read() 读取传入的串行数据。

Serial.print() 将数据作为人类可读的 ASCII 文本打印到串行端口。这个命令可以有多种形式。数字是用 ASCII 字符打印的，每个数字都有一个 ASCII 字符。浮点数同样以 ASCII 数字的形式打印，默认为两位小数。字节以单个字符的形式发送。字符和字符串按原样发送。

Serial.println() 将数据作为人类可读的 ASCII 文本打印到串行端口，后面有一个回车字符（ASCII 13，或 '\r'）和一个换行字符（ASCII 10，或 '\n'）。

1.7 程序书写规范

1.7.1 命名规则

编程时一般采用下划线命名法、小驼峰式命名法、大驼峰式命名法和匈牙利命名法。

下划线命名法：在 C 语言类程序中经常使用。使用下划线分割多个单词，字母全部小写，看起简洁。

例如：

```
int students_num = 100; // 学生数量
void add_student( ); // 增加学生
```

小驼峰式命名法：第一个单词首字母小写，后面的每个单词的首字母大写。

例如：

int studentsNum = 100; // 学生数量

void addStudent( ); // 增加学生

大驼峰式命名法：又称为 Pascal 命名法，每个单词的首字母都大写。

例如：

int StudentsNum = 100; // 学生数量

void AddStudent( ); // 增加学生

public void DisplayInfo(); // 全局函数，显示信息

匈牙利命名法：该命名法稍微复杂些，一般的格式是：作用域（小写）+ 类型缩写（小写）+ 含义。作用域是小写字母加上下划线，表示是全局变量 g、静态变量 s 或者成员变量 m。类型缩写首字母小写，类型缩写，如：字符串 str，整形 i，浮点 f。因此，看到变量名就可以知道变量的类型（整型、浮点型、指针类型等）和作用域等信息。

例如：

int m_iStudentsNum = 100; // 学生数量，其中 m 是对象的成员变量，i 是 int 缩写

早期的 Windows 编程中第 4 种匈牙利命名法使用较多，但是现在软件开发环境有变量类型提示，基本不需要如此复杂的命名，因此，不建议初学者使用匈牙利命名法。目前最常用的命名法是驼峰式命名法，基本在所有的现代高级语言中（例如 Java，C# 等）都有使用。

1.7.2 程序注释

程序注释虽然不是程序中实现功能的文本，但是对程序可读性和可复制性起决定性作用。一个好的程序必须具有简明扼要的注释，方便后续开发者解读或者团队协作。程序注释一般遵循以下原则：单行注释用 // ；多行注释用 /* 注释内容 */ ；文档注释用 /** 注释内容 **/。

注释常用于说明文件信息、函数信息和变量信息等。

文件注释一般在每一个文件开头加入版权公告、法律公告和作者信息，并需要描述该文件的内容。

```
/**
COPYRIGHT (C), OUC-W.L LAB
FILE NAME:        // 文件名
AUTHOR:           // 作者
VERSION:          // 版本
```

```
DATE:              // 日期
DESCRIPTION:       // 详细说明此程序文件完成的主要功能，
                   // 与其他模块或函数的接口、输出值、取值范围、含义
                   // 及参数间的控制依赖
OTHERS:            // 其他说明
MODIFICATION HISTORY:       // 修订历史
**/
```

函数注释在函数前面，对函数目的、输入参数、输出参数、返回值、调用关系等进行说明。

```
/*
FUNCTION:          // 函数名
DESCRIPTION:       // 详细说明此函数完成的主要功能，
                   // 与其他函数的接口、输出值、取值范围、含义
                   // 及参数间的控制依赖
INPUT:             / 输入参数说明
OUTPUT:            // 输出参数说明
RETURN:            // 返回值说明
OTHERS:            // 其他说明
MODIFICATION HISTORY:       // 修订历史
*/
```

变量注释避免直接翻译，对于阅读者可以明白程序的含义，但是很难直接找到变量或者运算内部的逻辑关系。此外，尽量不要在变量后面直接注释，导致一行代码过长，可以在变量前面一行注释。

```
避免直接将代码翻译为注释：
// 定义一个初始值为 0 的整数变量
int StudentNum=0;
最好说明为什么：
// 用于累加学生数组的值，最多 10000 保证不溢出
int StudentNum=0;
```

1.8 常用的电子器件

1.8.1 电阻

电阻（Resistor，通常用“R”表示）是一个物理量，在物理学中表示导体对电流阻碍作用的大小。导体的电阻越大，表示导体对电流的阻碍作用越大。不同的导体，电阻一般不同，电阻是导体本身的一种性质。导体的电阻通常用字母 R 表示，电阻的单位是欧姆，简称欧，符号为 Ω。在后面章节中，电阻常用来做限制最大电流或者提升电压用。

电阻的阻值可以通过万用表的电阻测量通道测量，在没有万用表的条件下，也可以通过色环或者上面的数字推导出阻值。如图 1-11 所示，色环电阻上通常具有 4 ~ 5 条色环，其中第一条表示第一位，第二条表示第二位，最后一条是误差，具有 4 条色环的电阻第三条表示乘数，具有 5 条色环的电阻第三条表示第三位，第四条表示乘数。每一条色环代表的数值大小由颜色确定，黑色至白色分别表示 0 至 9。

颜色	第一段	第二段	第三段	乘数	误差	
黑色	0	0	0	1		
棕色	1	1	1	10	±1%	F
红色	2	2	2	100	±2%	G
橙色	3	3	3	1k		
黄色	4	4	4	10k		
绿色	5	5	5	100k	±0.5%	D
蓝色	6	6	6	1M	±0.25%	C
紫色	7	7	7	10M	±0.10%	B
灰色	8	8	8		±0.05%	A
白色	9	9	9			
金色				0.1	±5%	J
银色				0.01	±10%	K
无					±20%	M

图 1-11　色环法确定阻值

图 1-12 中 4 色环分别是黄色（4）、紫色（7）、红色（10^2），电阻值为 4700 Ω。5 色环分别是黄色（4）、紫色（7）、黑（0）、棕色（10^1），电阻值为 4700 Ω。

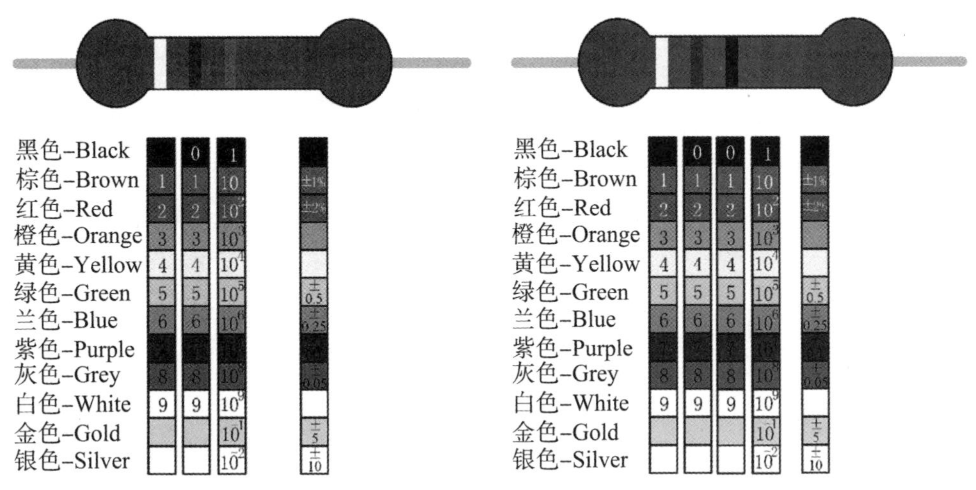

图 1-12　4 色环和 5 色环的说明

对于贴片电阻，上面通常有数字表示电阻。如图 1-13 所示，102 的含义是：10 后面再加两个 0 的意思，也就是 1000 欧姆了。也可以这样计算 102=10×10 的 2 次方 =1000 欧姆。

图 1-13　贴片电阻

1.8.2　电容

电容（Capacitance）亦称作“电容量”，是指在给定电位差下自由电荷的储藏量，记为 C，国际单位是法拉（F）。一般来说，电荷在电场中会受力而移动，当导体之间有了介质，则阻碍了电荷移动而使得电荷累积在导体上，造成电荷的累积储存，储存的电荷量则称为电容。

电容是指容纳电荷的能力。任何静电场都是由许多个电容组成，有静电场就有电容，电容是用静电场描述的。一般认为：孤立导体与无穷远处构成电容，导体接地等效于接到无穷远处，并与大地连接成整体。

电容（或称电容量）是表现电容器容纳电荷本领的物理量。电容从物理学上讲是一种静态电荷存储介质，可能电荷会永久存在。它是电子、电力领域中不可缺少的电子元件。主要用于电源滤波、信号滤波、信号耦合、谐振、滤波、补偿、充放电、储能、隔直流等电路中。电容器分类如表 1-5 所列。

表 1-5　电容类型

极性	材质	阴极材料	图示	特点
无极性	陶瓷电容			尺寸小，容量小，价格便宜，高频性能好
	薄膜电容			耐压高，稳定性好
有极性	铝电解电容	液态铝		容量大，耐压较高，适于低频，价格便宜，尺寸较大
		卷绕型聚铝		容量大，耐压较高尺寸较大
		贴片型聚铝		容量较大，尺寸较小，低 ESR，适于高频储能滤波
	钽电解电容	MnO_2 钽		容量较大，安全性差
		聚钽		容量较大，尺寸较小，低 ESR，价格较高

1.8.3　电感

电感是闭合回路的一种属性，是一个物理量。当电流通过线圈后，在线圈中形成磁场感应，感应磁场又会产生感应电流来抵制通过线圈中的电流。电感是描述由于线圈电流变化，在本线圈中或在另一线圈中引起感应电动势效应的电路参数。电感是自感和互感的总称。提供电感的器件称为电感器。常用电感器封装如图 1-14 所示。

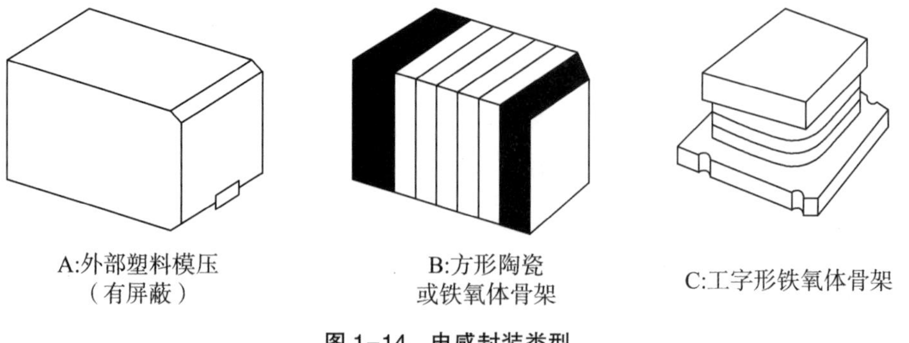

图 1-14　电感封装类型

1.8.4　二极管

二极管是用半导体材料（硅、硒、锗等）制成的一种电子器件。它具有单向导电性能，即给二极管阳极和阴极加上正向电压时，二极管导通。当给阳极和阴极加上反向电压时，二极管截止。因此，二极管的导通和截止，则相当于开关的接通与断开。

晶体二极管为一个由 P 型半导体和 N 型半导体形成的 PN 结，在其界面处两侧形成空间电荷层，并建有自建电场。当不存在外加电压时，由于 PN 结两边载流子浓度差引起的扩散电流和自建电场引起的漂移电流相等而处于电平衡状态。当外界有正向电压偏置时，外界电场和自建电场的互相抑消作用使载流子的扩散电流增加引起了正向电流。当外界有反向电压偏置时，外界电场和自建电场进一步加强，形成在一定反向电压范围内与反向偏置电压值无关的反向饱和电流。

当外加的反向电压高到一定程度时，PN 结空间电荷层中的电场强度达到临界值产生载流子的倍增过程，产生大量电子空穴对，产生了数值很大的反向击穿电流，称为二极管的击穿现象。常用的二极管原理与外形如图 1–15 所示。

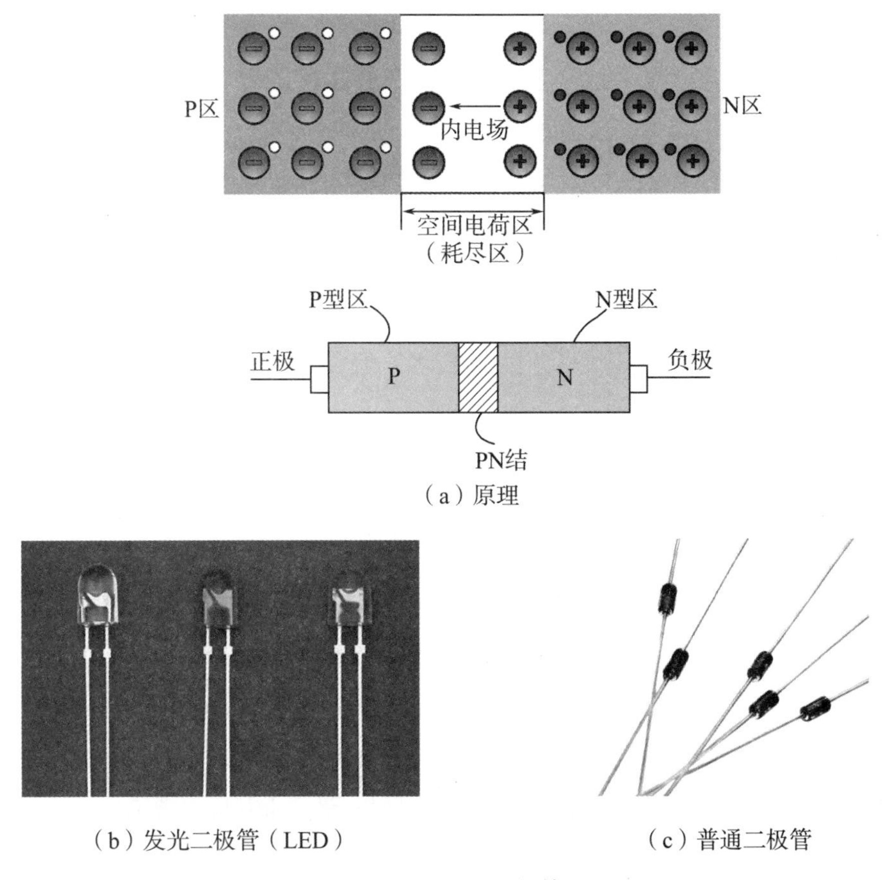

（a）原理

（b）发光二极管（LED）

（c）普通二极管

图 1–15　二极管

1.8.5　三极管

三极管，全称应为半导体三极管，也称双极型晶体管、晶体三极管，是一种控制电流的半导体器件。其作用是把微弱信号放大成幅度值较大的电信号，也用作无触点开关。

三极管是半导体基本元器件之一，具有电流放大作用，是电子电路的核心元件。三极管是在一块半导体基片上制作两个相距很近的 PN 结，两个 PN 结把整块半导体分成三部分，中间部分是基区，两侧部分是发射区和集电区，排列方式有 PNP 和 NPN 两种。

三极管原理如图 1–16 所示，晶体三极管（以下简称三极管）按材料分有两种：锗管和硅管。而每一种又有 NPN 和 PNP 两种结构形式，但使用最多的是硅 NPN 和锗 PNP 两种三极管。其中，N 是负极 Negative，N 型半导体在高纯度硅中加入磷取代一些硅原子，在电压刺激下产生自由电子导电，而 P 是正极 Positive，是加入硼取代硅，产生大量空穴利于导电。两者除了电源极性不同外，其工作原理都是相同的，下面仅介绍 NPN 硅管的电流放大原理。

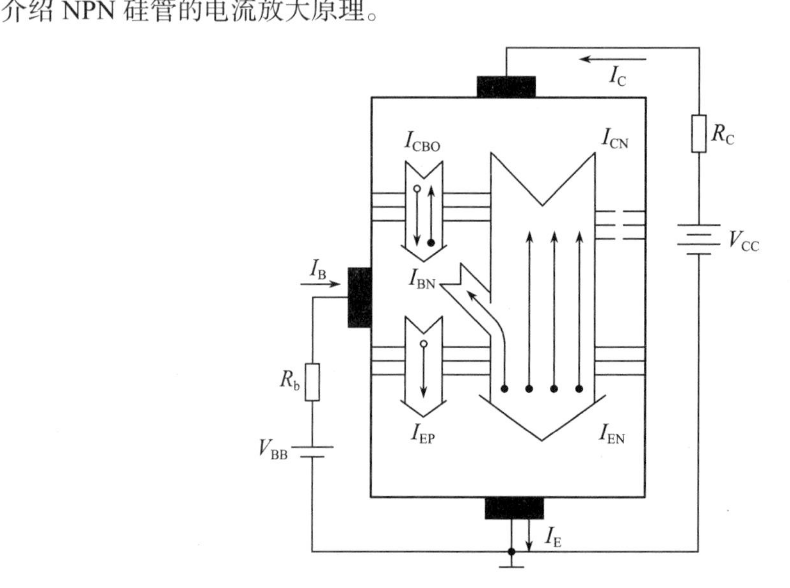

图 1–16　三极管原理

对于 NPN 管，它是由 2 块 N 型半导体中间夹着一块 P 型半导体所组成，发射区与基区之间形成的 PN 结称为发射结，而集电区与基区形成的 PN 结称为集电结，三条引线分别称为发射极 E（Emitter）、基极 B（Base）和集电极 C（Collector）。

当 B 点电位高于 E 点电位零点几伏时，发射结处于正偏状态，而 C 点电位高于 B 点电位几伏时，集电结处于反偏状态，集电极电源 Ec 要高于基极电源 Eb。

在制造三极管时，有意识地使发射区的多数载流子浓度大于基区的，同时基区制作得很薄，而且要严格控制杂质含量。这样，由于发射结正偏，发射区的多数载流子（电子）及基区的多数载流子（空穴）很容易越过发射结互相向对方扩散，但因前者的浓度大于后者，所以通过发射结的电流基本上是电子流，这股电子流称为发射极电子流。

中间横线是基极 B，另一斜线是集电极 C，带箭头的是发射极 E，如图 1–17 所示。

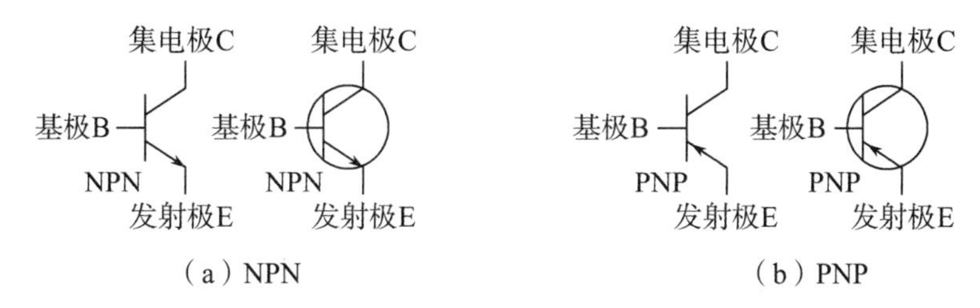

（a）NPN　　（b）PNP

图 1–17　三极管图文符号

1.8.6　面包板

面包板整板使用热固性酚醛树脂制造，板底有金属条，在板上对应位置打孔使得元件插入孔中时能够与金属条接触，从而达到导电目的。一般将每 5 个孔板用一条金属条连接。板子中央一般有一条凹槽，这是针对需要集成电路、芯片试验而设计的。板子两侧有两排竖着的插孔，也是 5 个一组。这两组插孔是用于给板子上的元件提供电源母板使用带铜箔导电层的玻璃纤维板，作用是把无焊面包板固定，并且引出电源接线柱。外形与具体连通方式如图 1–18 所示。

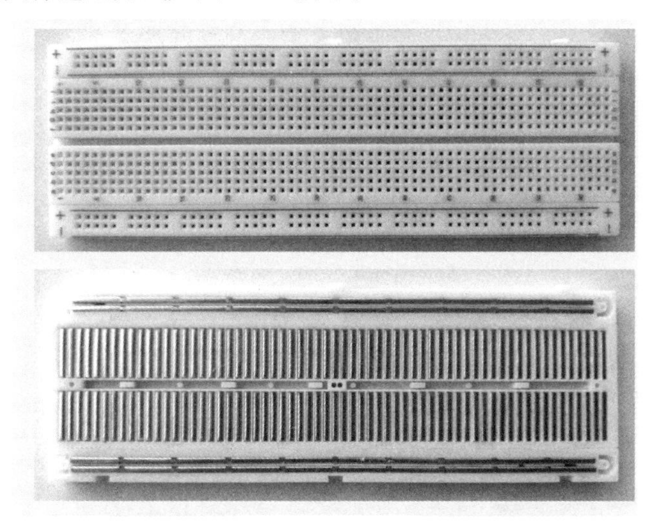

（a）实物图

最外两列
五个一组，相互导通
行与行之间不导通
五个一组，相互导通
中间分隔

（b）连通方式

图 1–18　面包板

1.8.7 杜邦线

杜邦线是美国杜邦公司生产的有特殊效用的缝纫线。电子行业杜邦线可用于实验板引脚扩展等。可以非常牢靠地和插针连接，无需焊接，可以快速进行电路试验。

图 1-19 杜邦线

1.9 Tinkercad 网站

Tinkercad 是一个免费的在线软件工具集合，可帮助全球各地的用户进行思考、创造和制造。它的网址是 www.tinkercad.com，我们可以使用 Tinkercad 设计、构建和测试简单电路。

Tinkercad 作为一个设计程序已经有很多东西可以提供，这是一款免费且易于使用的面包板模拟器。本节将向您介绍 Tinkercad Circuits 电路的基础知识，与 Fritzing 一样，它是创新设计者的一个很好的设计资源。

要开始使用，请先访问 Tinkercad 的网站，然后使用电子邮箱创建一个账号或登录现有的账号。选择屏幕左侧的“电路”，如图 1-20 所示。

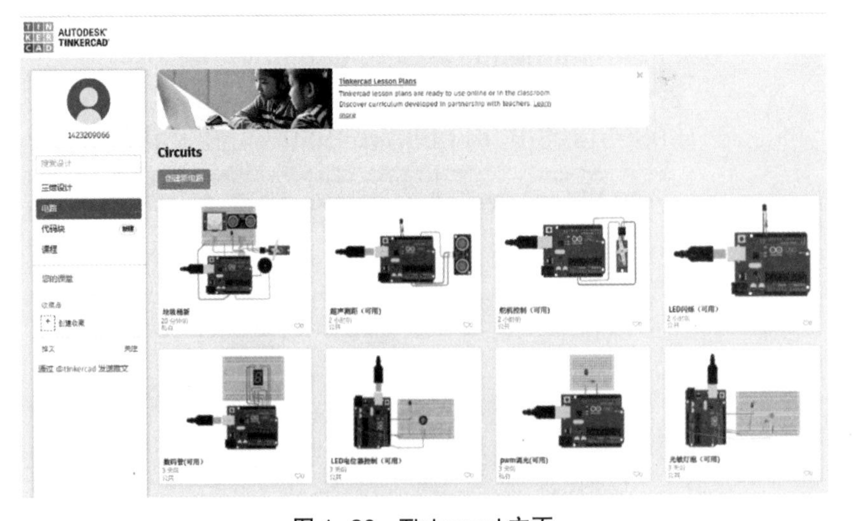

图 1-20 Tinkercad 主页

然后在里面选择“创建新电路”，您将进入编辑界面，如图 1-21 所示。

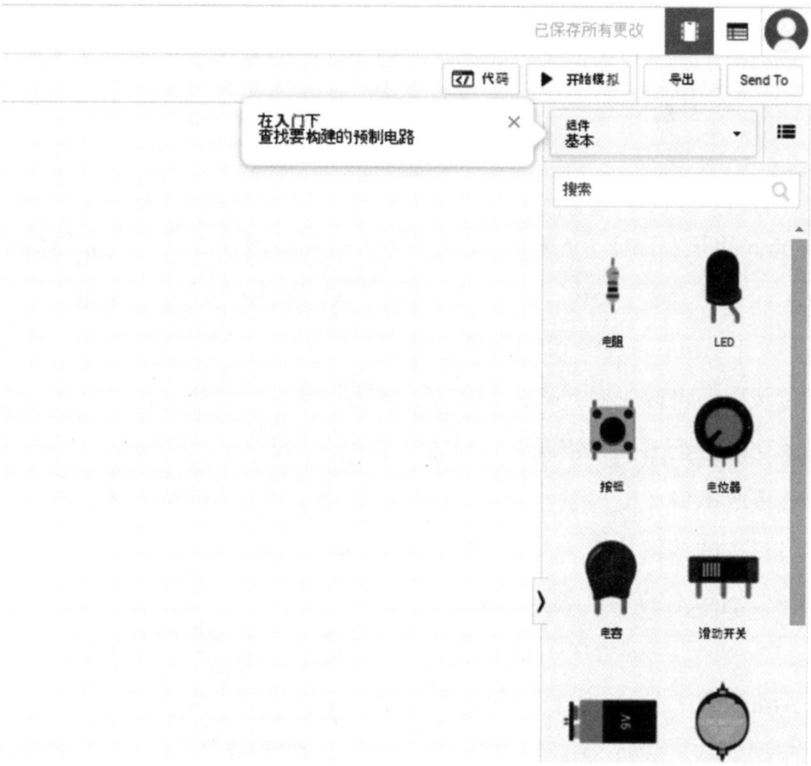

图 1-21　编辑界面

在编辑界面，可以轻松地将各种电子元件从右边拖入工作区，然后连接电路。该工具非常易于使用，可以构建简单的设计并添加程序对其进行测试模拟，如图 1-22 所示。

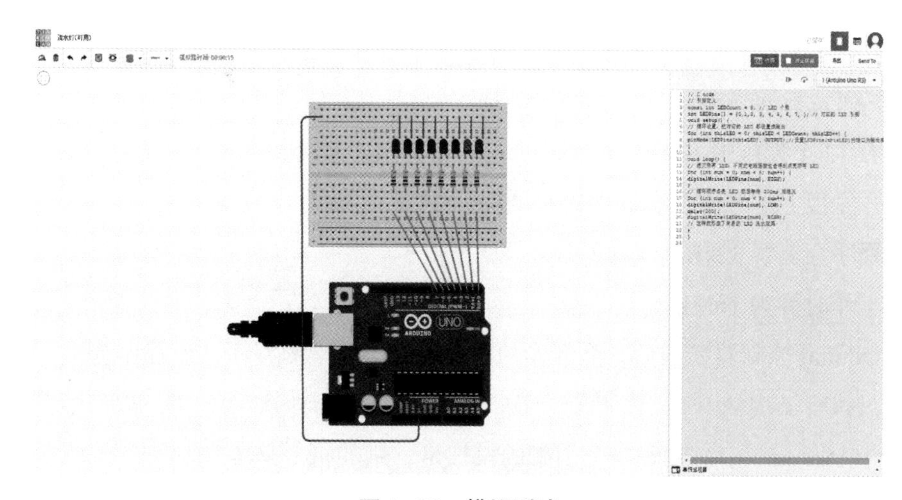

图 1-22　模拟测试

使用这样的工具来解释易于理解的简单设计，无需阅读复杂的电路图。然而，该网站也有缺陷：不能用它制作太大的设计，而且不能添加自定义元件。

另外，本书中的案例和程序，可以在 Tinkercad 网站中搜索查找用户 1423209066，本书中相关的案例和程序已经在此账号共享。

1.10 习题

1. Arduino 的开发环境（Arduino IDE）可以打开后缀名为（　　）的程序。

A. .ino　　B. .pdf　　C. .sldprt　　D. .rar

2. 以下关于 Arduino IDE 说法错误的是（　　）。

A. 上传代码前可以先对代码进行编译（验证）

B. 编译功能会指出代码错误并自动进行修正

C. 通过更改串口和板卡型号，可以将同一代码上传到不同开发板

D. 工具栏中的按钮功能，在菜单栏都能找到

3. 函数“delay（1）”代表延迟时间是（　　）。

A. 1us　　B. 1ms　　C. 1s　　D. 0.1s

4. 在 Arduino 中，byte 代表哪种数据类型？（　　）

A. 长整型　　B. 字节　　C. 浮点型　　D. 双精度浮点型

5. 在 Arduino 中，写好的程序被称为（　　）。

A. lib　　B. arduin.o　　C. sketch　　D. chengxu

6. 标志着一条命令结束的符号是（　　）。

A. ,　　B. 。　　C. ;　　D. //

7. 下面哪个不是 Arduino UNO 的 PWM 口？（　　）

A. 10　　B. 11　　C. 12　　D. 3

8. 下列关于 Arduino UNO 板的参数描述错误的是（　　）。

A. 有 12 个模拟输入端子

B. 开发板上搭载的核心处理器是 ATmega328

C. 程序存储器 32kB

D. 工作时钟为 16MHz

9. Arduino 控制器复位后，会开始执行 set up 函数中的程序，该程序会（　　）。

A. 只执行 1 次　　B. 执行 2 次　　C. 执行 3 次　　D. 循环执行

10. 在 Arduino 中，读取一个引脚的模拟量，用的指令是（　　）。

A. analogWrite　　B. pinMode　　C. digitalRead　　D. analogRead

11. Arduino UNO 开发板上有_________个数字输入 / 输出引脚，其中，可以实现 PWM 输出的端子共有_________个。

12. 在 Arduino 中，“Serial.begin(9600)” 的意义是_________。

13. 下载完 Arduino 的开发环境（Arduino IDE）之后，连接开发板还要设置两个参数，一是_________，二是开发板型号。

14. 下载 Arduino IDE 自带程序实例——Blink 程序，上传到选定的控制板中，连接小灯泡，观察现象。

15. 网上搜索关于 Arduino 的项目，感受 Arduino 的魅力，并以其作为课程学习目标。

第 2 部分　基本控制功能

2.1　数字量输出——LED 灯闪烁控制

I/O 英文全称是 Input/Output，即输入 / 输出。在 Arduino UNO 核心板中，提供了 D0-D13 共 14 个数字量 I/O 口。单片机端口是标准双向口，即单片机的端口既可以作为输出信号端（如控制灯亮灭、继电器吸合释放、喇叭发声等），也可以作为输入信号端（如按键信号输入、红外波形输入、开关信号输入等）。暂且不管 I/O 内部详细结构，先把单片机当黑匣子对待。本节先讲解 LED 控制线路的接线方式，然后简介 I/O 口内部结构，最后通过 LED 灯 / 数码管的控制讲解控制数字端口的各种方法。

2.1.1　LED 灯的接线

图 2-1　LED 灯

发光二极管（Light-emitting diode，简称 LED）与普通二极管一样是由一个 PN 结组成，也具有单向导电性，实物图如图 2-1 所示。发光二极管的核心部分是由 P 型半导体和 N 型半导体组成的晶片，在 P 型半导体和 N 型半导体之间有一个过渡层，称为 PN 结。通常，LED 灯的长引脚为正极，短引脚为负极。从灯芯 PN 节看，体积小的三角形为正极，大的梯形为负极。

当给发光二极管加上正向电压后，从 P 区注入到 N 区的空穴和由 N 区注入到 P 区的电子，在 PN 结附近数微米内分别与 N 区的电子和 P 区的空穴复合，产生自发辐射的荧光。PN 结加反向电压，少数载流子难以注入，故不发光。需要注意：反向电压超过 5V 的时候会击穿发光二极管。

常用 LED 灯的是发红光、绿光或黄光的二极管。LED 发光的强弱与电流有关。LED 灯的正向伏安特性曲线很陡，即导通后电压增加一点电流增加很多，使用时必须串联限流电阻以控制通过二极管的电流。红色发光二极管的压降为 2.0 ~ 2.2 V，黄色发光二极管的压降为 1.8 ~ 2.0 V，绿色发光二极管的压降为 3.0 ~ 3.2 V。正常发光时的额定电流约为 20 mA。做指示用的 LED 都用 10 毫安以下比较好，一般用到 5 毫安就比较亮了，所以通常要串联电阻限制电流。其电流特性如图 2–2 所示。

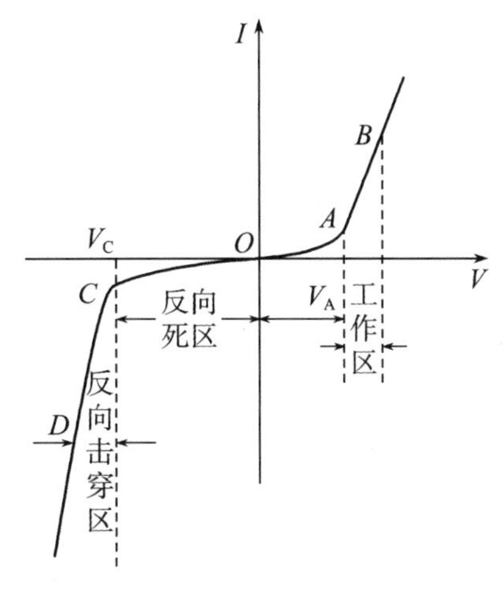

图 2–2　LED 灯电流特性

由于点亮 LED 灯同时限制流过通路的电流大小，所以需要增加一个电阻。假设 LED 正常工作压降 1.5 V，正常工作电流取 10 mA。(5 V-1.5 V)/10 mA=350 Ω。图 2–3 中串入 390 Ω 的电阻，实际工作电流 I=(5 V-1.5 V)/390 Ω=8.9 mA，接近于正常工作电流，所以 LED 被点亮而且不会被损坏。

LED 串上电阻后，接入 5 V 电路中，如图 2–3 所示。假设 A 点（Arduino 核心板的 I/O 口）相当于单刀双掷开关，可以接到 +5 V，也可以接到电源地 GND。接到 +5 V 或者悬空时，整个电路中没有电流流过，LED 的状态是熄灭。如果 A 点接到电源地，两端压差 5 V，LED 灯发光。

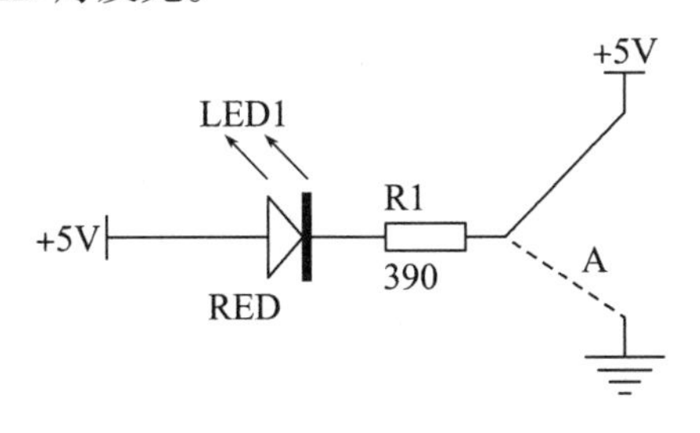

图 2–3　LED 接线线路及伏安特性曲线

将 LED 接线线路连接到 Arduino 核心板上，如果将图 2–3 中正极端接到 D13 口（后续程序以 D13 为例，此处也可以接其他口，同时修改程序即可），把 A 端接到 GND。此时，电流从 D13 流出，流经 LED 和限流电阻回到 GND，此种接法称为拉电流接法。此时，D13 设置为高电平，LED 发光，D13 设置为低电平，LED 熄灭。如果将图 2–3 中 +5 V 端连接到核心板的 +5 V，A 端接 D13 口。这种接法电流从 5 V 流入 IO 口，经内部线路流回 GND，称为灌电流接法。此时，D13 设置为高电平，LED 不发光，D13 设置为低电平，LED 发光。两种连接方式如图 2-4 所示。

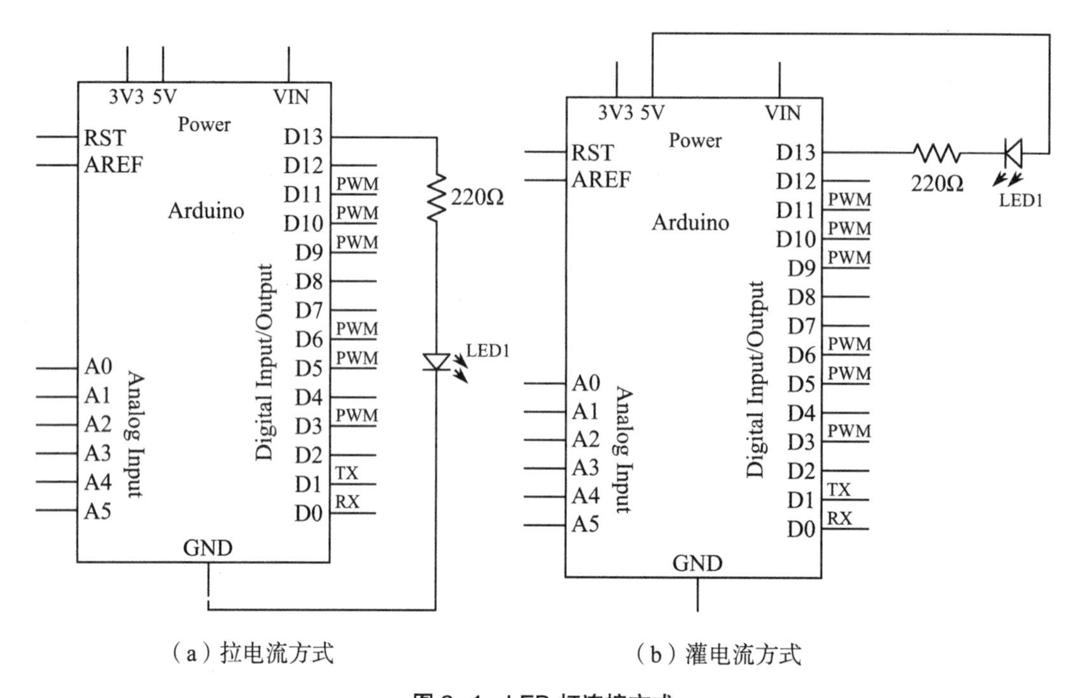

（a）拉电流方式　　（b）灌电流方式

图 2-4　LED 灯连接方式

按照拉电流方式，将核心板、LED 灯和限流电阻连接，如图 2-5 所示。电阻的阻值范围是 200 Ω ~ 2 kΩ，阻值越大，LED 亮度越低。

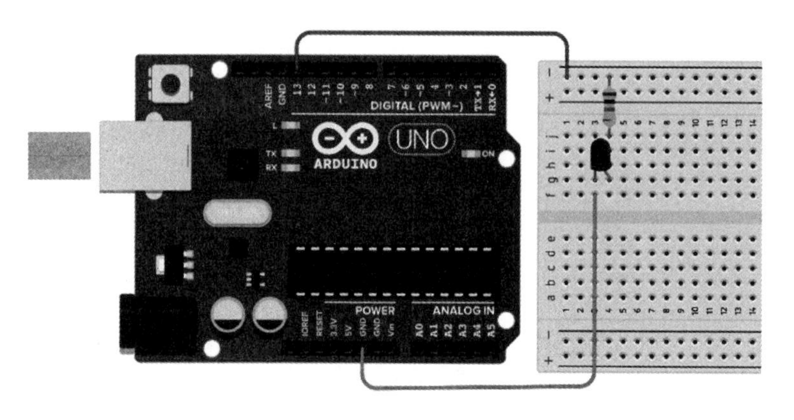

图 2-5　LED 灯连线图

Arduino 使用的是 AVR 单片机，可以提供拉电流，足以点亮 LED，但是电流有最大输出限制，一般不会超过 20 mA，而 LED 的极限电流一般为 30 mA，所以即便去掉限流电阻，也可以正常点亮 LED，不会烧毁，如图 2-6 的连接方式。但是出于安全和功耗考虑，真正使用时需要精确计算限流电阻的阻值。在做这个实验的时候可以去掉限流电阻，但是不排除部分 LED 的最大电流过小，有烧毁的可能，长期实验需要加入限流电阻。

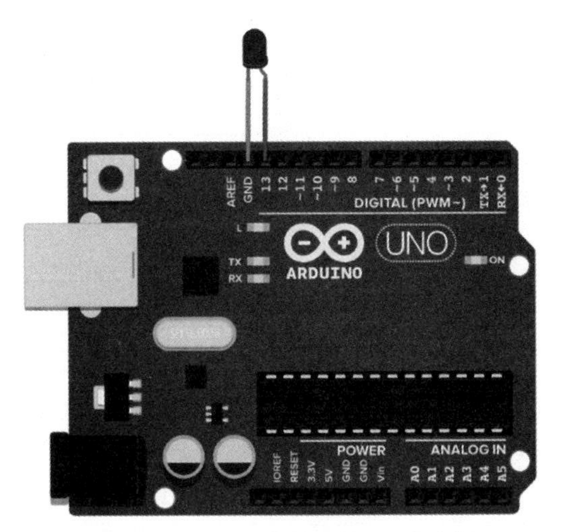

图 2-6 LED 灯直接连接 UNO 主板

2.1.2 数字 IO 口控制原理（了解）

Arduino 数字量输出控制常采用 LED 作为控制对象，拉电流连线方式如图 2-4（a）所示。LED 负极连接 GND，正极连接电阻，电阻另一端连接数字量引脚 D13（D0-D13 中任意一个即可）。内部原理图如图 2-7 所示。

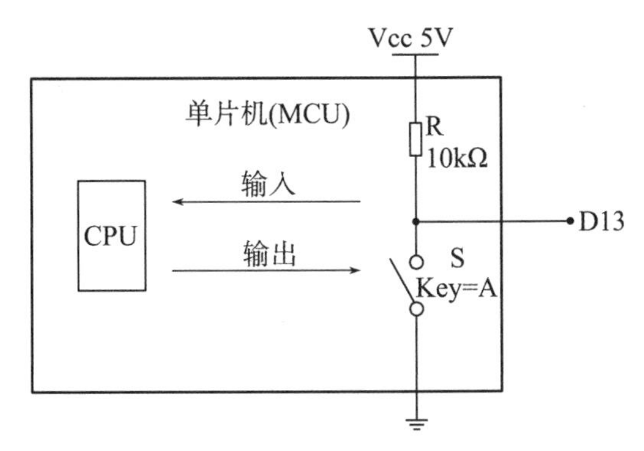

图 2-7 D13 引脚内部电路原理图

图 2-7 中的 R 为阻值 10k 的上拉电阻，S 是晶体管等效的电子开关。蓝色框中的部分在单片机内部。S 的开关状态由 CPU 控制。当用程序设置 D13 管脚为低电平时（通过命令 digitalWrite（13，HIGH）即可实现），电子开关 S 闭合。实际上电子开关 S 闭合时，两端还有很小的电阻。根据分压原理，D13 管脚上会有一个很低的电压（近似 0 V），已经可以视为低电平了。当设置管脚为高电平时 S 断开，引脚通过 10k 上拉电阻接到 Vcc 上。如果用电压表测量，因为电压表内阻很大，所以可以得出其电压值为高电平。

在灌电流接法中，电流从外部流入单片机内部。在单片机控制D13输出低电平时，电子开关 S 就由 CPU 控制而闭合，D13 上输出低电平。电流通过 1k 电阻和 LED 流入 D13，再经过 S 流入 GND。原理图如图 2−8 所示。

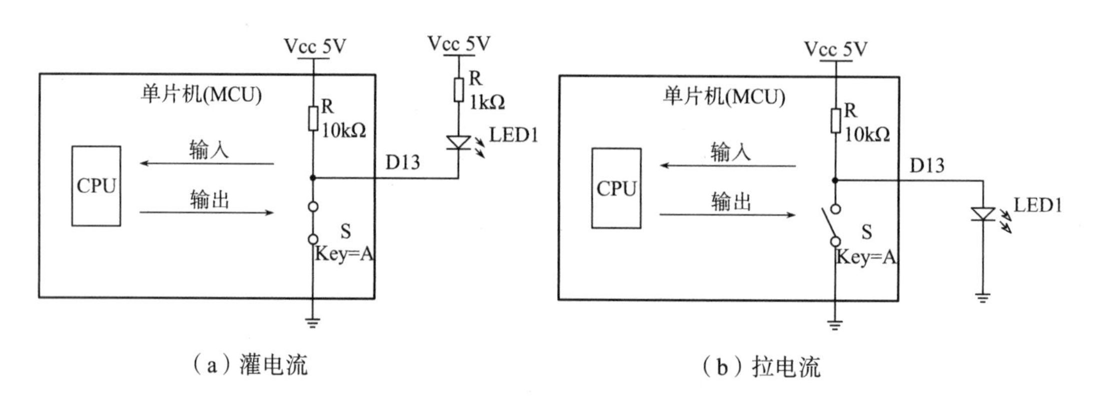

图 2−8 LED 与 I/O 口连接原理图

在拉电流接线方式中，LED 正极连接到端子，负极连接到 GND。当单片机控制 D13 输出高电平时，S 断开。电流通过上拉电阻 R 从 D13 流出，并进入 LED。由于上拉电阻的阻值太大，电流太小，导致 LED 不亮，或者亮度很微弱。所以通常不采用这种方法。

在实际当中灌电流的最大电流也是有限的，因为电子开关 S 中能通过的电流有限。根据 STC 官方的芯片手册，对于 STC 单片机，建议单个 IO 口灌电流建议不超过 20 mA，所有 IO 口灌电流之和不超过 55 mA，否则容易烧坏 IO 口。而拉电流大小只有 230 uA 左右。

2.1.3 LED 延时控制和定时控制

例：假设需要控制一个 LED 的闪烁，要求：点亮 LED 1 秒，然后熄灭 1 秒，重复此过程。按照图 2−9 的流程来设计程序。

开始
点亮 LED
延时
熄灭 LED
延时

图 2−9 LED 灯闪烁控制流程图

程序一：

```
// 引脚定义 :D0-D13 引脚接哪个引脚，此处赋值响应修改。
// 本案例 LED 连接到 13 引脚
int LED = 13;
// 初始化函数，所有端口或者变量初始化放入此函数。
// 在程序运行初期运行一次。
void setup() {
// 初始化数字端口为输出模式
pinMode(LED, OUTPUT);
}
// 主循环，程序运行时会循环执行此函数中的命令
void loop() {
// 数字 IO 输出函数（对象，状态），把 13 引脚（LED）置高电平
// 拉电流接法 LED 灯亮，灌电流接法 LED 灯灭
digitalWrite(LED, HIGH);
delay(1000); // 延时 1 秒，以便观看变化
// LED 引脚变为低电平
// 拉电流接法 LED 灯灭，灌电流接法 LED 灯亮
digitalWrite(LED, LOW);
delay(1000); // 延时 1 秒
}
```

Arduino 的语句遵循 C 语言的规范。上面程序中，int LED=13；此句为定义变量 LED 和赋值，后续需要对 13 口进行操作时，可以直接用 LED 变量。假设单片机的 13 口坏了，将 LED 灯线路接到其他口，程序中只需要修改 LED 的赋值即可，不需要对后续程序一一修改。

setup( ) 函数为初始化，所有端口或者变量初始化放入此函数。通过 pinMode( ) 函数将 13 口设置为输出模式，就可以控制 13 口的输出电平了。digitalWrite( ) 函数输出高电平，此时拉电流方式的 LED 灯亮（灌电流方式的 LED 熄灭）。delay( ) 函数单位为毫秒，直接输入整数即可。digitalWrite( ) 函数输出低电平，拉电流方式的 LED 灯熄灭（灌电流方式的 LED 灯亮）。

使用 delay( ) 函数创建一个 LED 灯闪烁的程序简单易行，但是使用 delay( ) 函数

也具有明显的缺点。delay( ) 函数是将核心板的微控制器待机等待，期间传感器读取、数学运算、端口操作等均不能进行。通常，类似上面的简单程序可以使用 delay( ) 函数，其余情况尽量采用另外一种计时函数 millis( )。

程序二：

```
// 定义引脚
const int LEDPin = 13; // LED 连接的引脚，标准的 UNO 开发板上已经集成
int LEDState = LOW; // LED 状态，亮或者灭，可以修改
long previousMillis = 0; // 存储最后一次的 LED 状态
// 这里使用了长整型变量，因为使用了 ms，瞬间的数值变化非常大。
long interval = 1000; // 间隔闪烁的时间长度
void setup() {
// 初始化引脚输出模式
pinMode(LEDPin, OUTPUT);
}
void loop()
{
// 读取当前计时
unsigned long currentMillis = millis();
// 如果当前计时和上次计时差大于定义的间隔
if(currentMillis - previousMillis > interval) {
// 保存当前值，方便下次再次和当前时间比较
previousMillis = currentMillis;
// 如果 LED 熄灭就把它点亮，反之亦然
if (LEDState == LOW)
LEDState = HIGH;
else
LEDState = LOW;
// 把对应的 LED 状态反应到 LED 引脚上。
digitalWrite(LEDPin, LEDState);
}
}
```

以上两个闪烁 LED 的程序，结果一样，但是方法却不同。程序一是 CPU 独立工作，所有的指令和 delay( ) 函数都是 CPU 控制；程序二是 CPU 和定时器一起工作，计时通过定时器完成，不占用 CPU 资源。

下面详细分析一下程序，LED 什么时候熄灭什么时候点亮只取决于时间，这个时间是定时器产生的，单片机电源引脚加上正确电压后它就开始工作，不受其他程序影响。CPU 只需要读取当前的时间并且对比时间数据，是否到了 1 秒钟？如果时间到，判断当前 LED 的状态，如果点亮的就把它熄灭，反之熄灭状态则点亮。

Arduino 的程序属于二次应用，是 Arduino IDE 对汇编程序进行了封装。虽然 Arduino 程序简单，但是很多功能并不能达到最优化，所以很多硬件工程师并不喜欢这种方式而采用汇编或 C 语言开发。但是，对于非专业人员用 Arduino 制作智能玩具或者新奇特产品是非常适合高效的方式。

2.1.4　流水灯设计

如果要控制多个 LED 灯的亮灭，形成类似动态流动的效果，需要如何设计连接线路和控制程序？

首先必须了解多个 LED 灯的连接方式，与 1 个 LED 的连接方式一样，8 个 LED 也有 2 个方向的接法。灌电流连接方式 LED 灯的正极一起连接到 +5 V，所以称为共阳连接（LED 阳极连接到一起）。拉电流连接方式 LED 灯的负极一起连接到 GND，所以称为共阴连接（LED 阴极连接到一起），连接方式如图 2-10 所示。

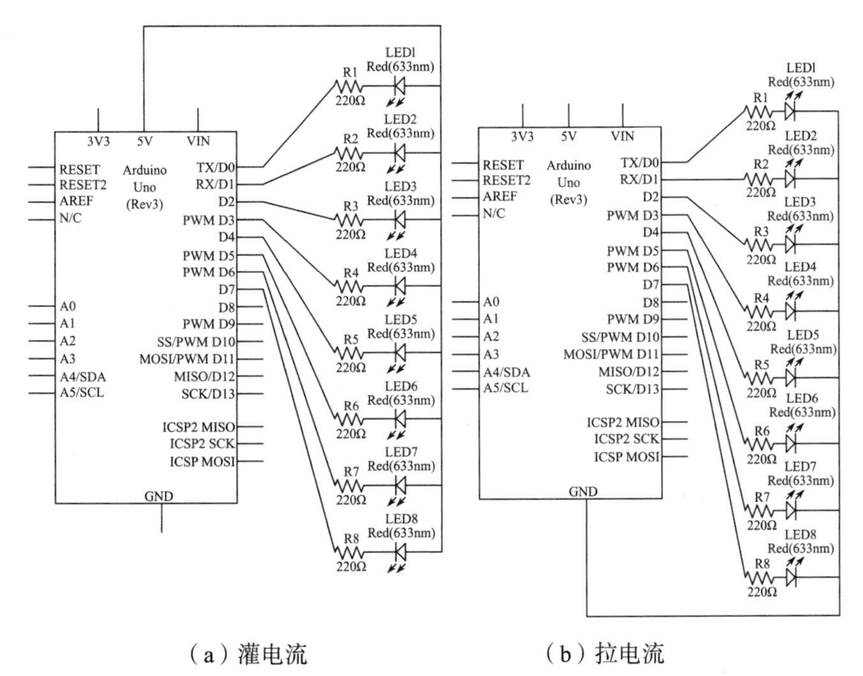

（a）灌电流　　（b）拉电流

图 2-10　流水灯连接原理图

图 2-11 为面包板连接图（共阳方式），共阴方式只需改变 LED 方向，公共线接 GND。程序中将 HIGH 变为 LOW，将 LOW 变为 HIGH，即可实现与共阳极接法同样的亮灭过程。

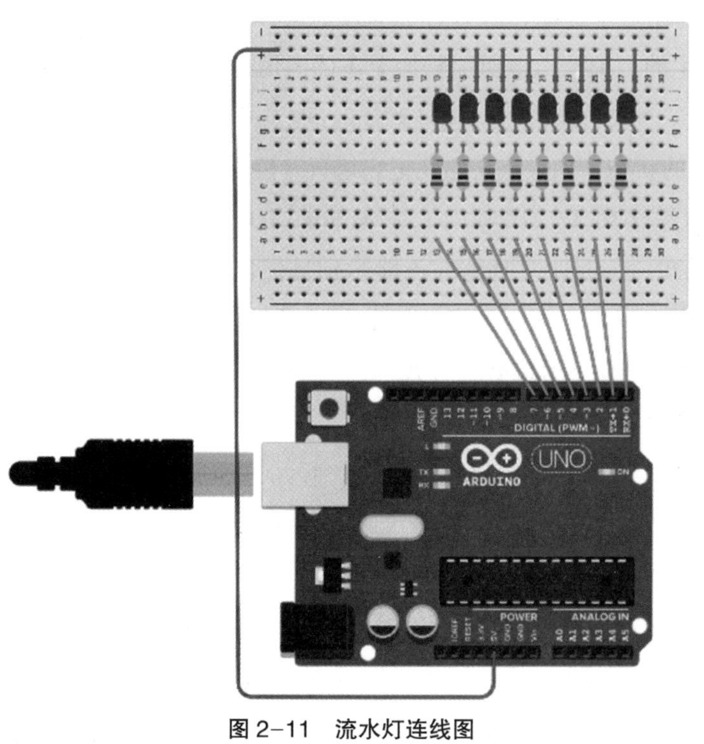

图 2-11　流水灯连线图

程序三：

```
// 引脚定义
const int LEDCount = 8; // LED 个数
int LEDPins[] = {0,1,2, 3, 4, 5, 6, 7, }; // 对应的 LED 引脚
void setup() {
// 循环设置，把对应的 LED 都设置成输出
for (int thisLED = 0; thisLED < LEDCount; thisLED++) {
pinMode(LEDPins[thisLED], OUTPUT);// 设置 LEDPins[thisLED] 的端口为输
出模式
}
}
void loop() {
// 熄灭所有 LED，不同的电路连接也会得到点亮所有 LED
```

```
for (int num = 0; num < 8; num++) {
digitalWrite(LEDPins[num], HIGH);
}
// 循环顺序点亮 LED 然后等待 200ms 后熄灭
for (int num = 0; num < 8; num++) {
digitalWrite(LEDPins[num], LOW);
delay(200);
digitalWrite(LEDPins[num], HIGH);
// 这样就形成了简易的 LED 流水效果
}
}
```

程序思路如下：首先熄灭所有 LED，然后点亮第 1 个，等待 200 ms 熄灭第一个，然后点亮第 2 个，等待 200 ms，熄灭第 2 个，依此循环，直到 8 个 LED 都点亮熄灭，周而复始。

2.1.5　8 段数码管

数码管是最常用的显示器件之一，有使用方法简单、价格低廉、亮度高、寿命长等优点。数码管实际上就是 8 个 LED 灯用 8 字形的透明塑料封装一起做成的，有共阴极和共阳极两种连接方式，显示字符与字码的关系如表 2-1 所列。7 段数码管有 7 个 LED 灯，不含小数点。

表 2-1　8 段码数码管管值　（a）共阴极数码管

显示字符	字码	hgfedcba
0	0x3F	0011 1111
1	0x06	0000 0110
2	0x5B	0101 1011
3	0x4f	0100 1111
4	0x66	0110 0110
5	0x6D	0110 1101
6	0x7D	0111 1101
7	0x07	0000 0111

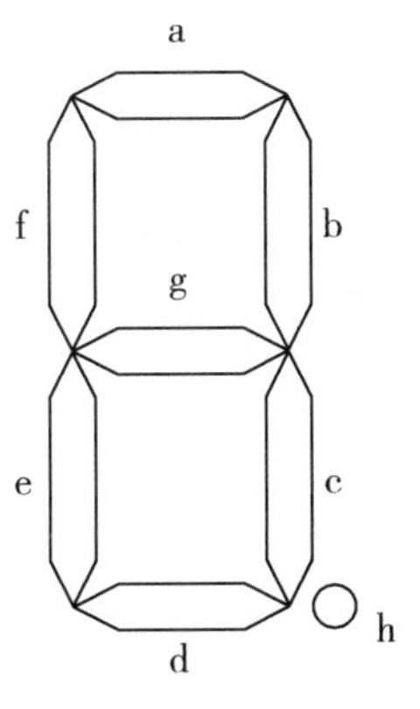

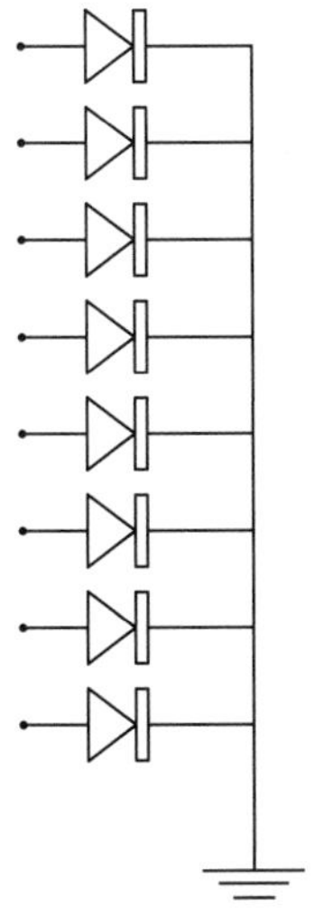

续表

8	0x7F	0111 1111		
9	0x6F	0110 1111		
A	0x77	0111 0111		
B	0x7C	0111 1100		
C	0x39	0011 1001		
D	0x5E	0101 1110		
E	0x79	0111 1001		
F	0x71	0111 0001		

表 2-2　8 段码数码管码值 （b）共阳极数码管

显示字符	字码	hgfedcba		
0	0xC0	1100 0000	a b c d e f g h	
1	0xF9	1111 1001		
2	0xA4	1010 0100		
3	0xB0	1011 0000		
4	0x99	1001 1001		
5	0x92	1001 0010		
6	0x82	1000 0010		
7	0xF8	1111 1000		
8	0x80	1000 0000		
9	0x90	1001 0000		
A	0x88	1000 1000		
B	0x83	1000 0011		
C	0xC6	1100 0110		
D	0xA1	1010 0001		
E	0x86	1000 0110		
F	0x8E	1000 1110		

通过电路图 2-12 看一下和 Arduino 连接的方法：

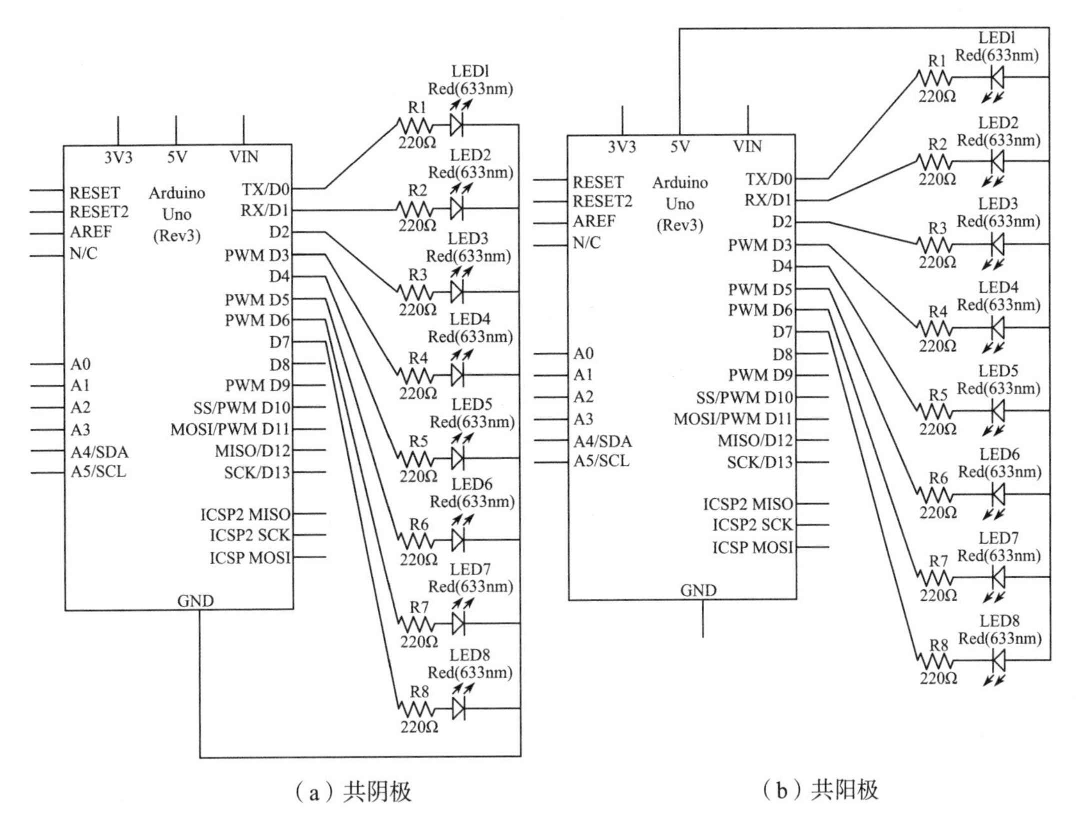

（a）共阴极　　（b）共阳极

图 2-12　数码管与 UNO 连接原理图

控制数码管显示数字即将对应的 LED 灯点亮，把不相关的 LED 灯熄灭。更改显示的数字时，熄灭所有的灯然后点亮需要的灯。如果把 0 ~ 9 数字的显示程序都写一遍，然后通过 if 判断调用哪个程序，这样有些麻烦。数码管具有 8 个 LED 灯，每个灯都有亮和灭两种状态，所以可以用 8 位二进制表示对应的数字。下面程序中 0x 表示十六进制数据，然后将每一位输出，显示出对应的数字。

下面以 5611BH 共阳极段码管为例进行说明。引脚 1 ~ 10 的定义分别为 e, d, 5V，c，h，b，a，5V，f，g，如图 2-13 所示。内部对 3 和 8 引脚进行了短接，所以只需接任意一个供电即可。按照共阳极段码管的 LED 灯定义，分别将 a, b, c, d, e, f, g, h 连接到数字 I/O 口 3，4，

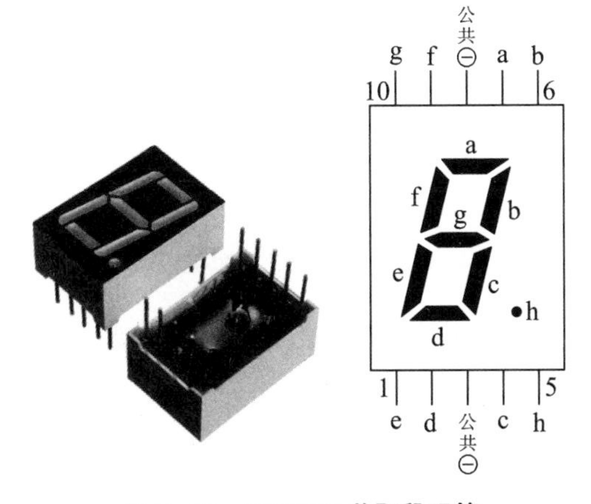

图 2-13　5611BH 共阳段码管

5，6，7，8，9 端，连线图如图 2-14 所示。

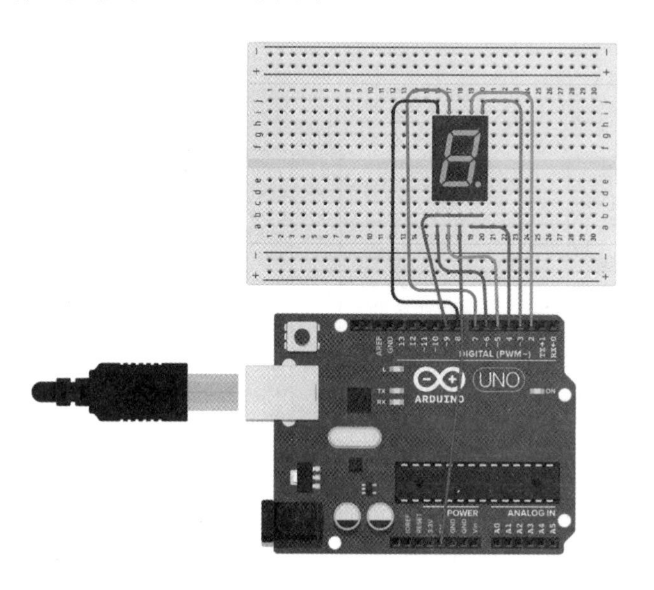

图 2-14　段码管接线图

```
/*5611BH 共阳数码管，显示 0-9 数字 */
int LEDCount=8;// 定义 8 段数码管，这里是共阳数码
// const unsigned char DuanMa[10]={0x3f,0x06,0x5b,0x4f,0x66,0x6d,0x7d,0x07,
0x7f,0x6f};// 共阴
const unsigned char DuanMa[10]={0xC0,0xf9,0xa4,0xb0,0x99,0x92,0x82,0xf8,0x
80,0x90};// 共阳
int LEDPins[] = {2, 3, 4, 5, 6, 7, 8, 9,}; // 对应的 LED 引脚
void setup() {
// 循环设置，把对应的 LED 都设置成输出
for (int thisLED = 0; thisLED < LEDCount; thisLED++) {
pinMode(LEDPins[thisLED], OUTPUT);
}
}
// 数据处理，把需要处理的 byte 数据写到对应的引脚端口。
void deal(unsigned char value){
for(int i=0;i<8;i++)
digitalWrite(LEDPins[i],bitRead(value,i));//bitWrite 函数是取第 i 位，
}
```

```
void loop() {
// 循环显示 0-9 数字
for(int i=0;i<10;i++){
deal(DuanMa[i]);// 读取对应的数码管值
delay(1000); // 调节延时，2 个数字之间的停留间隔
}
}
```

2.2　数字量输入——按钮控制 LED 灯

按键英文 switch，即开关。在日常生活中经常能见到按键，如图 2-15 所示，其外观多种多样，但其本质一样，按键只有 2 种状态，开或关。按键一般用于传输信号，其触点不能通过大电流，否则会导致触点损坏。在器件运行可靠的情况下，通过的电流越小越好，既可降低功耗，也能使按键延长使用寿命。所以，按键可以用来接通 LED 灯等小电流的线路，但是不能直接接通电机、继电器等电流大的线路。

图 2-15　矩阵按钮

Input/Output 口简称 I/O 口，意味着它既可以输出又可以输入。前面讲的都是 I/O 口的输出，下面讲 I/O 口的输入。I/O 口的输出我们通过 LED 来介绍，而 I/O 口的输入我们则通过开关来说明。在很多单片机中，I/O 的输入和输出需要通过电路切换，而对于 51 单片机来说，输入和输出使用的是同一套电路，也就是上面分析的电路。

图 2-16 的 S0 是一个单刀双掷开关，连接 D0 口、Vcc 和 GND，往上切换可以将 D0 接到 Vcc，往下切换可以接到 GND。读取时 CPU 会通过特定电路获取图中橙色导线上的电平。让 CPU 读取 D0 端口的电平，从而获得开关 S0 的状态。当 S 断开时，CPU 通过获取 D0 上的电平可以知道外部开关 S0 的状态，从而执行相应的操作。

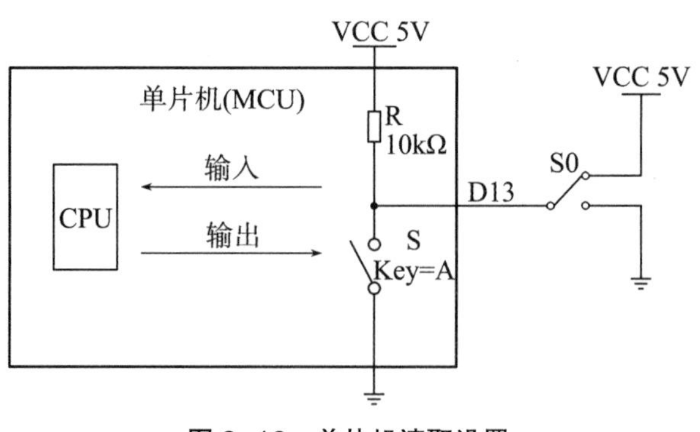

图 2-16　单片机读取设置

当 S 闭合时，S0 往下切换，D0 确实是低电平。而当 S 保持闭合且 S0 往上切换时，Vcc 通过 S0 和 S 直接接到 GND 就短路了，如图 2-17 所示。此时电子开关 S 通过大量电流，可能会烧坏单片机。于是添加电阻 R0，S 仍然保持闭合，S0 往上切换时 D0 仍然是低电平，于是 CPU 无法判断外部开关 S0 的状态，如图 2-17 所示。

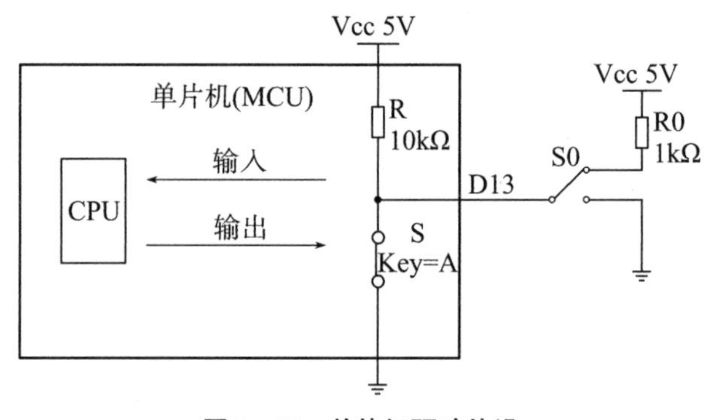

图 2-17　单片机驱动外设

总结起来就是在读取 I/O 口电平时，应先设置输出高电平（即断开 S），再读取数据。这个规则适用于所有 I/O 口。类似的，还可以读取单刀单掷开关（或按键开关）的状态，读取前先设置输出高电平，电路图如图 2-18 所示。

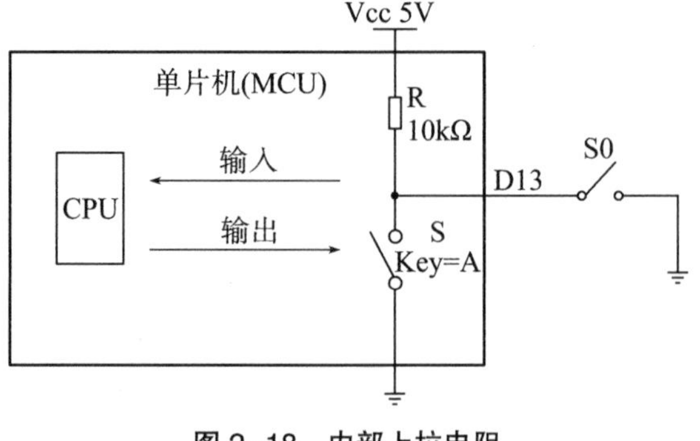

图 2-18　内部上拉电阻

上面这种电路需要依赖上拉电阻才能工作。如果 D13 口没有上拉电阻，需要在外部添加一个上拉电阻（因为如果没有上拉电阻，并且 S 和 S0 都断开时，I/O 口变成高阻态，读取的电平结果不确定，于是无法正确判断 S0 的开关状态）。

2.2.1　按键输入（外部上拉）

按键与核心板的接线图如图 2–19 所示。左图按键连接 +5 V，另外一端连接 20 kΩ 电阻，因此按键闭合时，线路中电流仅有 0.25 mA。如果没有限流电阻，按键按下时 +5 V 和 GND 相当于短路，所以一定要串联限流电阻。在按键没有闭合的状态下，左图限流电阻将 I/O 口和 GND 相连，所以 I/O 口的输入电压为 0，此时限流电阻称为下拉电阻。右图刚好相反，初始状态，I/O 口输入电压为 +5 V，所以称为上拉电阻。

上拉电阻是用一个电阻连接到该端口与 Vcc 之间，保证在非低电平的状态下强制变为高电平，否则端口有可能是高阻状态，导致不能正确地识别高电平。下拉电阻就是把一个电阻连接到端口与 GND 之间，原理类似，这个应用的范围比上拉电阻少。

? 下拉电阻的电路图中，按下按钮 5 V 和 D2 不就短路了吗？

单片机的 I/O 口内部是有内阻的，此处电流从 +5 V 流经开关和电阻，至 GND。D2 端口相当于电压表测量电压。

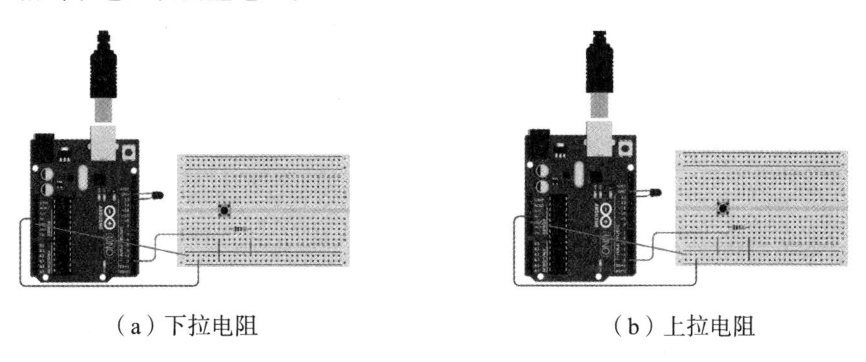

（a）下拉电阻　　　　（b）上拉电阻

图 2–19　外部上拉

程序四：

```
// 定义引脚
int pushButton = 2;
int LED = 13;
// 初始化
void setup() {
// 初始化串口
Serial.begin(9600);
```

```
// 把按键引脚设置为输入
pinMode(pushButton, INPUT);
// 把 LED 引脚设置为输出
pinMode(LED, OUTPUT);
}
// 主循环
void loop() {
// 读取输入引脚的值
int buttonState = digitalRead(pushButton);
// 读取的数值反应到 LED 上
digitalWrite(LED, buttonState);
// 打印结果到串口
Serial.println(buttonState);
// 这里可以使用 arduino 自带的串口调试器
delay(10); // 延时大小决定循环读取的时间间隔
}
```

解读程序，初始化函数中有一个语句 Serial.begin（9600）；这个语句的目的是初始化串口的参数，Arduino 内部规定只允许改变波特率参数，其他的参数使用通用数值。如果你需要和其他的单片机串口通信，波特率要一致才可以正常工作，否则会出现乱码甚至不能通信。

pinMode（pushButton，INPUT）；设置端口为输入模式，用于读取端口电平。这个程序的功能是读取按键的电平状态，然后实时地反应到 LED 并且传输到电脑串口上。

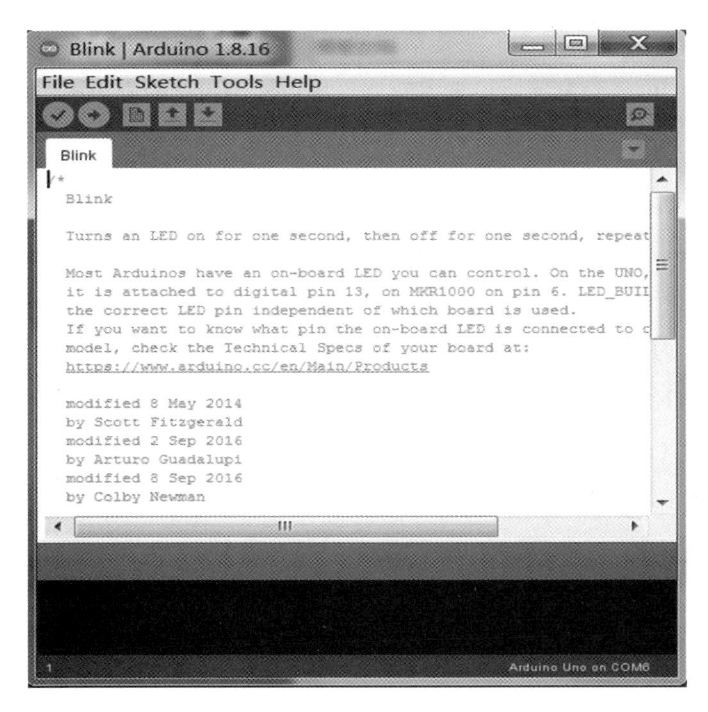

图 2-20　Arduino 串口按钮

箭头指向的按钮是打开 Arduino 自带的串口调试功能，如图 2-20 所示。也可以使用第三方的调试软件，只要参数设置一致就可以正确地和电脑通信。

2.2.2　按键输入（内拉）

在 I/O 口内部集成了上拉电阻，当声明为 INPUT_PULLUP 模式时，模式选择开关闭合，内部上拉电阻接通，此时，D2 监测到高电平。将 D2 和 GND 连接，开关闭合时，D2 监测到低电平，连线图如图 2-21 所示。

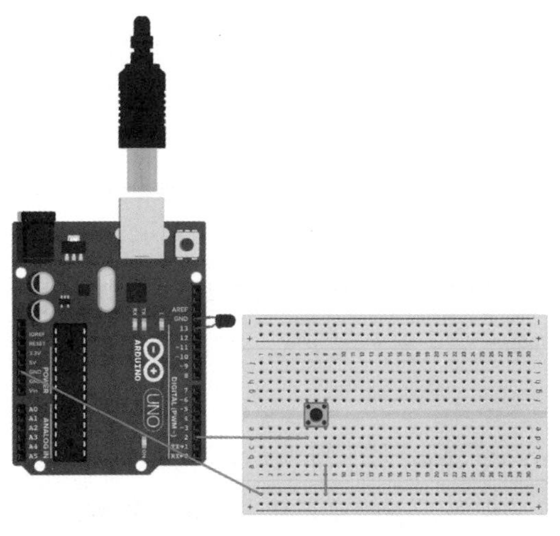

图 2-21　内部上拉

这个演示内部上拉功能，不需要单独使用外部的上拉电阻，因为芯片内部集成了上拉电阻，大约 20k，只要通过设置寄存器，即可使用内部的上拉电阻。

```
void setup(){
// 使能串口功能，设置对应的参数
Serial.begin(9600);
// 使能 pin2 为输入，并启用内部上拉功能。
pinMode(2, INPUT_PULLUP);
pinMode(13, OUTPUT);
}
void loop(){
// 读取按键状态值
int sensorVal = digitalRead(2);
// 打印这个值到串口监视器
// 这里可以使用 arduino 自带的串口调试器
Serial.println(sensorVal);
// 内部上拉电阻等效于外部上拉电阻，在硬件部分
// 节省了 1 个电阻，有利于电路的简化。
// 同时把这个状态反应到 LED
if (sensorVal == HIGH) {
digitalWrite(13, LOW);
} else {
digitalWrite(13, HIGH);
}
}
```

与之前的程序一样，仅仅改了一句设置功能，pinMode（2，INPUT_PULLUP）；原来定义为普通输入，现在定义为上拉输入。

2.2.3 按钮防抖（上拉接法）

按键实际接触和断开过程如图 2–22 所示，存在抖动过程，过了抖动期才是稳定期。因此上面介绍的按键程序还不能真正地去应用。通常，单片机的速度非常高，us（微秒）级别，按键属于机械结构，按键按下和释放的瞬间会出现机械抖动，这种机

械抖动会对单片机的识别造成很大的困扰。实际上只按了一次按键，单片机可能检测的 2 次或者更多，而且次数是不能确定的，这个结果当然不是所需要的。既然存在抖动，就需要找到一种去除抖动的方法，第一种方法是在按键 2 端并联一个适当的电容；第二种方法，软件去抖动。前者不同的按键需要试验不同的电容参数，那么实验、研发过程会变得复杂，效果也不乐观。所以现在大多采取后者。

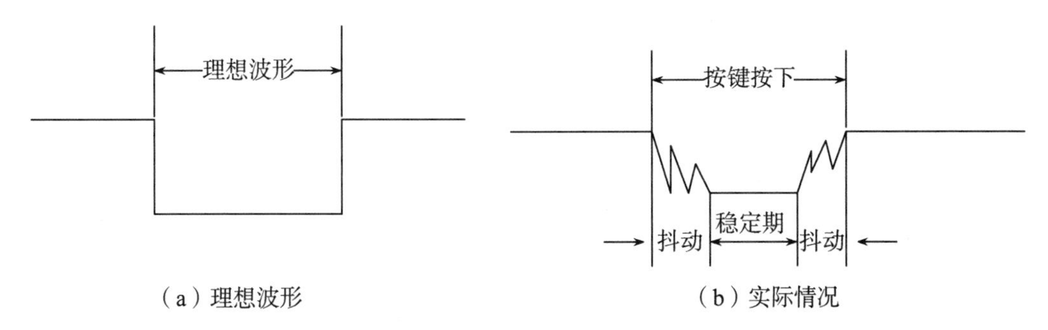

（a）理想波形　　（b）实际情况

图 2-22　按钮按下电平变化

按照上面介绍的上拉电阻的接法，按键按下时是低电平。上图看出按键按下和松开的瞬间出现机械抖动，这个抖动时间很短，一般 10 ~ 15 ms。不同按键抖动频率和时间也不同，但对于单片机却能非常容易检测到抖动。但这个检测结果并不最终需要的，实际上只进行一次按键操作，但有可能执行了多次按键结果，这就是抖动造成的，所以大多数产品实际使用中都使用了按键去抖功能。

软件去抖原理：

（1）检测到按键按下后延时 10 ~ 15 ms，跳过抖动时间段。

（2）延时后再次检测按键状态。如果没有检测到按键按下说明是抖动或者干扰造成的，如果检测到按键按下，可以认为是有效的按键状态。

（3）同样的，按键释放后也要进行去抖延时，延时后检测按键是否真正释放。

```
//引脚定义
const int buttonPin = 2; // 按键位置
const int LEDPin = 13; // LED 位置
//定义变量
int LEDState = HIGH; // 当前 LED 状态
int buttonState=HIGH; // 读取的当前按键状态，上拉接法初始值为 HIGH
int lastButtonState = HIGH; // 上次读取的按键状态初始值，上拉接法初始值可
以为 HIGH。
```

```
// 使用长整型变量
long lastDebounceTime = 0; // 上次按键触发时间
long debounceDelay = 50; // 去抖时间，根据实际情况调整
void setup() {
pinMode(buttonPin, INPUT);
pinMode(LEDPin, OUTPUT);
// 初始化 LED 的状态
digitalWrite(LEDPin, LEDState);
}
void loop() {
// 读取按键状态赋值到一个变量
int reading = digitalRead(buttonPin);
// 如果按键状态变化，不管是由于抖动还是按键按下造成的，就是把当前时间保存下来，没有发生变化不记录时间，也不会进入下面检测时间函数
if (reading != lastButtonState) {
lastDebounceTime = millis();
}
// 防抖检测期间每次进 loop 函数都会先更新 reading
if ((millis() - lastDebounceTime) > debounceDelay) {
// 等过了去抖时间，检测 reading 的值和 buttonState 是否一致
// 如果按键仍然保持上次的状态，则认为这个按键按下是真实有效的，更新 // buttonstate
if (reading != buttonState) {
buttonState = reading;
// 每次按下按键需要改变当前的 LED 状态，比如上次是熄灭，现在需要
// 点亮，反之亦然。
if (buttonState == HIGH) {
LEDState = !LEDState;
}
}
}
```

```
// 把 LED 的最终结果输出到对应的引脚
digitalWrite(LEDPin, LEDState);
// 保存当前值，一边下一个循环检测的时候使用
lastButtonState = reading;
}
```

程序中的语句都有注释，这里不过多讲解，大部分程序与之前的按键程序相同，使用软件去抖动之后，按键才能稳定有效的工作，才真正达到了实际应用的效果。

程序的功能如下：按一下按键，LED 熄灭，再次按一下按键，LED 点亮，如此往复。

如果 Buttonstate 和 lastButtonState 定义为 LOW，会有什么不同?

单片机上电后，首先检测到 D2 口状态和初始值不同，然后进入延时检测，更新 buttonState 状态，反转 LED 状态。程序初始化和电路的初始状态要一致，这样才会出现预期的功能。

2.2.4　4×4 矩阵开关

1 个独立按键需要占用 1 路数字量输入口，如果控制系统需要多个按键，会占用较多的 I/O 口，甚至超过核心板提供的 I/O 口数量。因此，需要采用更集成的按键实现少数接口输入多个按键的功能，矩阵按键原理图如图 2-23 所示。

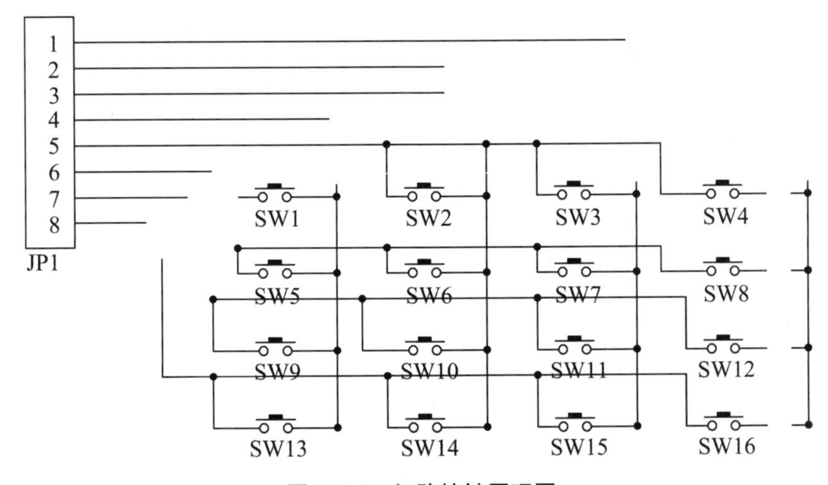

图 2-23　矩阵按键原理图

4×4 矩阵键盘有 4 行 4 列按键，单片机 4 个 I/O 口接矩阵键盘的行线，另外 4 个 I/O 口接矩阵键盘的列线，通过对行线列线的操作，完成按键的识别和操作。将行线连接到 UNO 的 4 个 I/O 端口，列线接入另外 4 个 I/O 端口，原理图与接线图如图 2-24

和图 2–25 所示。矩阵键盘和独立按键最大区别是，同样的单片机端口，矩阵键盘可以驱动更多的按键数量。这就是应用矩阵键盘的最主要的目的。

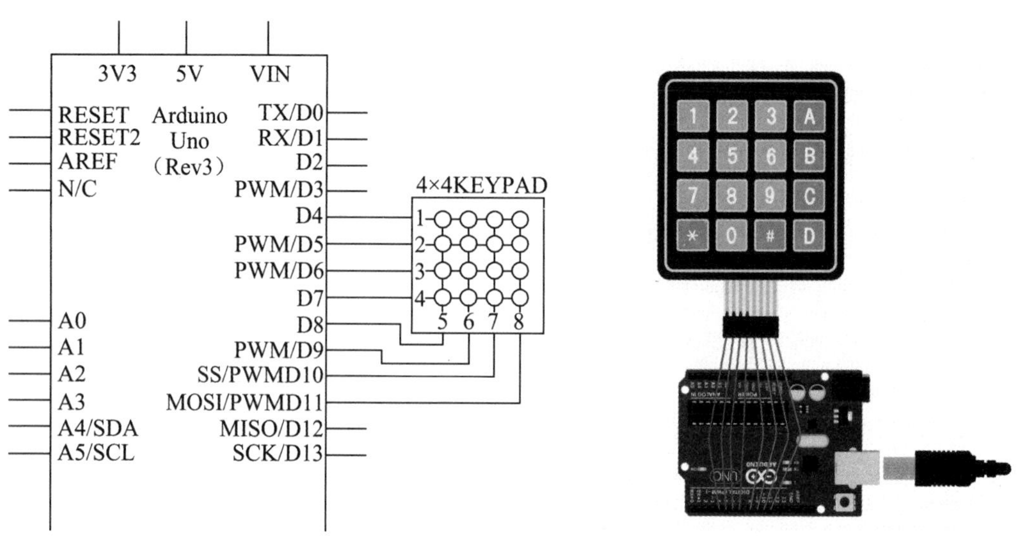

图 2–24 矩阵键盘与 UNO 连接原理图

图 2–25 矩阵键盘与 UNO 连接接线图

```
const int numRows = 4;// 定义 4 行
const int numCols = 4;// 定义 4 列
const int debounceTime = 20;// 去抖动时间长度
const char keymap[numRows][numCols]= {// 键值，可以按需要更改
{ '1','2','3','A' },
{'4','5','6','B' },
{'7','8','9','C' },
{'*','0','#','D' }
};
const int rowPins[numRows] = {4,5,6,7};// 设置硬件对应的引脚
const int colPins[numCols] = {8,9,10,11};
// 初始化功能
void setup(){
Serial.begin(9600);
for(int row = 0; row < numRows; row++){
pinMode(rowPins[row],INPUT);
digitalWrite(rowPins[row],HIGH);
```

```
}
for(int column = 0;column < numCols; column++){
pinMode(colPins[column],OUTPUT);
digitalWrite(colPins[column],HIGH);
}
}
// 主循环
void loop() {
// 添加其他的程序，循环运行
char key = getkey();
if(key !=0){
Serial.print("Got key ");// 串口打印键值
Serial.println(key);
}
}
// 读取键值程序
char getkey(){
char key = 0;
for(int column = 0;column < numCols; column++){
digitalWrite(colPins[column],LOW);
for(int row = 0 ;row < numRows; row++){
if(digitalRead(rowPins[row]) == LOW){ // 是否有按键按下
delay(debounceTime);
while(digitalRead(rowPins[row]) == LOW) // 等待按键释放
key = keymap[row][column];
}
}
digitalWrite(colPins[column],HIGH); //De-active the current column
}
return key;
}
```

程序使用经典的逐行（逐列）扫描，直到扫描出按键位置，然后退出，否则继续扫描。4×4 逐行扫描位例，步骤如下：

（1）4 个行线全部设为输入，并置高电平（内部上拉作用）。

（2）4 个列线全部设为输出，并置高电平；第一列线拉低（LOW）检测 4 根行线是否有低电平出现。如果有，证明有按键按下，去抖，再次确认，通过矩阵数组确定按键键值，如果没有则继续下一步。释放该列线（置高 HIGHT）。对第 2 列、第 3 列和第 4 列重复此过程。程序使用经典的逐行（逐列）扫描，直到扫描完所有的按键，然后退出，返回 key 的初始值 0。

需要注意，如果同时按下两个以上按键，以上程序会返回靠后的按键；如果将 digitalWrite 和 return key; 放到 key = keymap[row][column]; 之后，程序检测到按键后即返回按键值，并退出 getChar 程序。

2.3 模拟量输入

前面介绍了数字量 I/O，在单片机里面还有一种输入是模拟量输入。在 Arduino 的应用里，ADC 功能变得非常简单，只需要如下步骤：

（1）定义需要的模拟量输入端口。UNO 是 A0 ~ A5。

（2）读取对应的模拟量。模拟量输入范围是 0 ~ 5V，对应的读数范围是 0 ~ 1023。这是因为 Arduino 使用的是 10bitADC。10 位精度的最大值是 2 的 10 次方（1024），在单片机中是从 0 开始数而不是 1，所以最大是 1023 。

（3）把对应的模拟量进行比例变换。使用 map() 函数或者用其他的程序。

（4）把最终数据显示到串口、液晶、数码管等设备，或者添加其他的更多功能。

2.3.1 电位器输入控制 LED 闪烁频率

旋转电位器在旋转时中间引脚对应的阻值不同，分担的电压也不同。采用模拟量输入将电压值读入，范围为 0 ~ 1023，如果用此数值作为 delay 函数的参数，从而对 LED 灯进行高低电平的控制，即可实现 LED 闪烁频率可调的目的。

电位器中间滑动端接 A0，另外 2 端接 Vcc 和 GND，通过旋转电位器，滑动端可以得到 0 ~ Vcc 的变化电压。最简单的电路图和实物连接图如图 2–26 和图 2–27 所示。

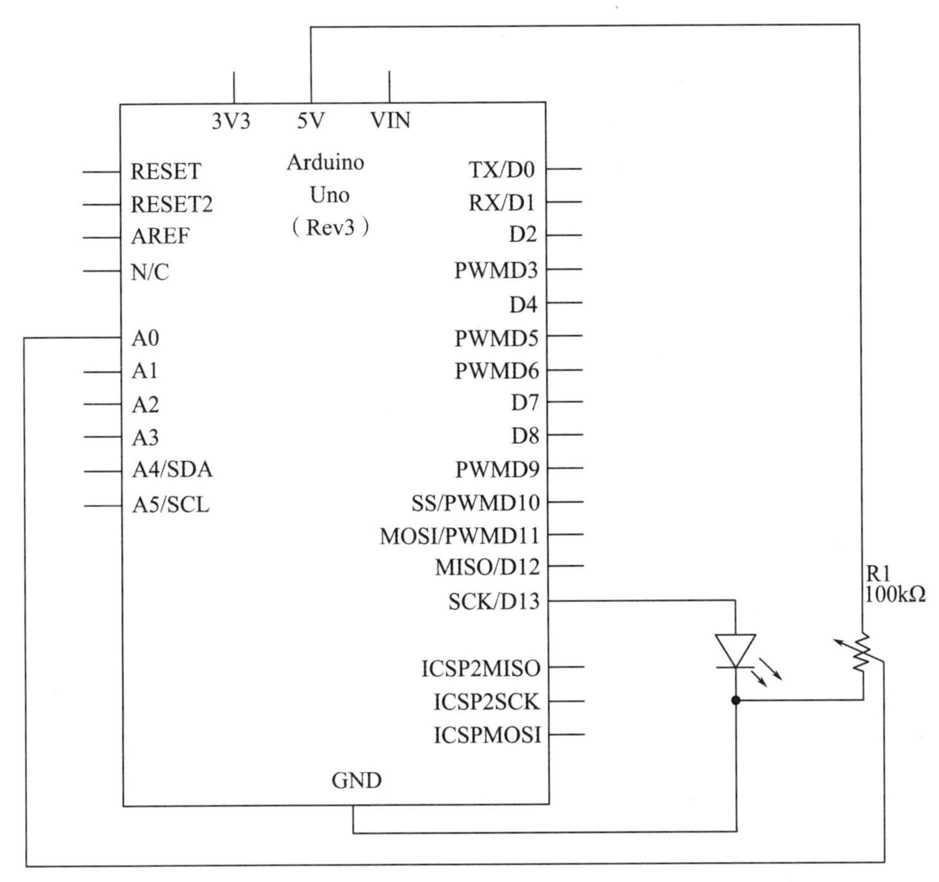

图 2-26　LED 闪烁原理图

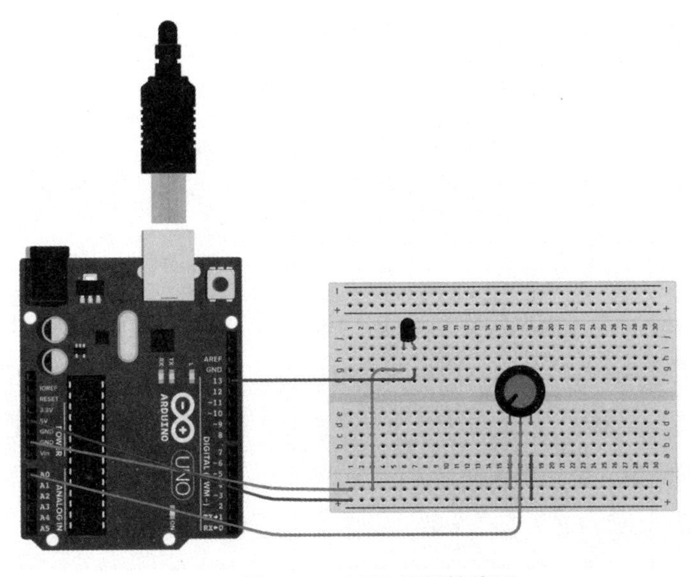

图 2-27　LED 闪烁接线图

参考程序如下：

```
/*
读取电位器输入电压值，用于控制 LED 的闪烁频率，值越大，闪烁越慢
官方硬件和软件参考地址：
http://arduino.cc/en/Tutorial/AnalogInput
*/
int sensorPin = A0; // 模拟输入引脚
int LEDPin = 13; // LED 指示灯引脚
int sensorValue = 0; // 模拟输入数值变量
void setup() {
// 声明引脚为输出模式
pinMode(LEDPin, OUTPUT);
}
void loop() {
// 读取电位器电压值
sensorValue = analogRead(sensorPin);
// 点亮 LED
digitalWrite(LEDPin, HIGH);
// 使用读取的这个模拟量值作为演示时间，单位 ms，范围 0 ~ 1023
delay(sensorValue);
// 熄灭 LED
digitalWrite(LEDPin, LOW);
// 使用读取的这个模拟量值作为演示时间，单位 ms，范围 0 ~ 1023
delay(sensorValue);}
```

程序思路如下：读取模拟数值 0 ~ 1023 之间，把这个值作为延时函数的输入参数，延时的范围是 0 ~ 1023 ms，通过改变电位器的位置，控制 LED 的闪烁快慢。

? 旋转电位器，当 LED 灯闪烁频率快时，模拟量感知的电压是高了还是低了？理解电位器的阻值和电压的关系。

2.3.2 电位器控制 LED 点亮个数

流水灯采用共阳极接法，接线图如图 2-28 和图 2-29 所示。在电位器两端分别连接 +5V 和 GND，中间连接模拟量则输入 A0（以 A0 为例，连接其他模拟量输入端，

需要修改对应程序）。

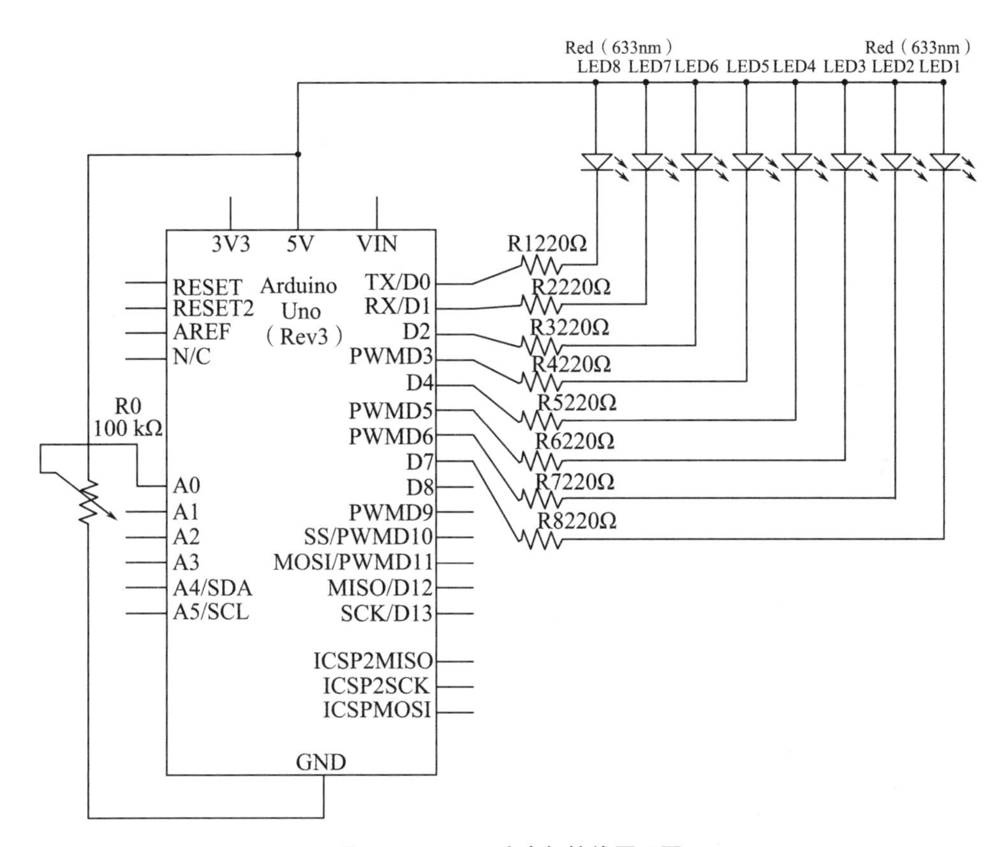

图 2-28　LED 流水灯接线原理图

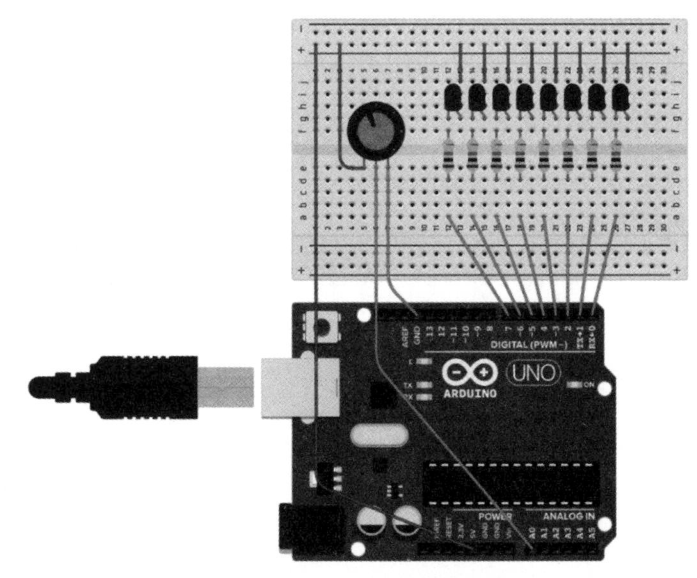

图 2-29　LED 流水灯接线图

图 2-28、图 2-29 在 8 位 LED 的基础上加了一个电位器，电位器的两端分别连接到 Vcc 和 GND，中间滑动端子连接到 A0，转动电位器，A0 端的电压在 0 ~ Vcc 之间变化，通过单片机采集这个变化的电压信号，然后由单片机处理后并反应到 8 位 LED，当电压最低的时候 LED 全部熄灭，电压最高的时候 LED 全部点亮，通过直观现象反应电位器的位置状态。

程序：

```
// 引脚定义
const int analogPin = A0; // 模拟输入
const int LEDCount = 8; // LED 个数若为 8，第 8 个灯会闪烁或不亮，建议改
为 9，为什么？
int LEDPins[] = {
0,1,2, 3, 4, 5, 6, 7, }; // 对应的 LED 引脚
void setup() {
// 循环设置，把对应的 LED 都设置成输出
for (int thisLED = 0; thisLED < LEDCount; thisLED++) {
pinMode(LEDPins[thisLED], OUTPUT);
}
}
void loop() {
// 读取电位器的值
int sensorReading = analogRead(analogPin);
// 把对应的值转化成 0- 最大 LED 个数，这里是 8
int LEDLevel = map(sensorReading, 0, 1023, 0, LEDCount);
// 循环对比输出到 LED:
for (int thisLED = 0; thisLED < LEDCount; thisLED++) {
if (thisLED < LEDLevel) {
digitalWrite(LEDPins[thisLED], LOW);// 共阳极接法，LOW 亮
}
else {
digitalWrite(LEDPins[thisLED], HIGH);
}}}
```

map 的原意是地图，实际的尺寸和地图上的尺寸有一个比例系数。通过这个函数会自动计算比例系数，不用再做复杂的数学公式。

int LEDLevel = map（sensorReading，0，1023，0，LEDCount）;

解读这个语句的意思：等号左边定义一个 int 变量用来指示 LED 点亮的个数。

SensorReading 是读取的 A0 的模拟量值，这个值的范围是 0 ~ 1023，因为 Arduino 使用的是 10bitADC。10 位精度的最大值是 2 的 10 次方，1024。在单片机中是从 0 开始数而不是 1，所以最大是 1023。LEDCount 是自定义的 LED 个数，这里数值是 8，如果你想用 10 个或者 20 个 LED 来指示电位器状态，只需要改变预定义的值。系统会自动计算比例系数，这样就能线性反应电位器位置变化。这个函数在以后的应用中非常普遍。

? 上面案例连接 8 个 LED，LEDCount 为 8，发现第 8 个 LED 不亮或者闪烁，改成 9 即可解决这个问题，为什么?

当 LEDCount 为 8 时，只有 sensorReading 为 1023 时，LEDLevel 才为 8，此时，模拟量受到干扰，不稳定导致 LED 闪烁。或者 sensorReading 的值无法达到 1023，第 8 个 LED 不亮。

? map 函数中的第 3 个参数，必须是 1023 吗?

程序和硬件是相一致的，电位器的输出电压是 0 ~ 5 V。Arduino UNO 核心板采用的是 10 位的 ADC 芯片，5 V 对应 10 位二进制的 1023。如果用的 ADC 是更高精度的芯片，则需要输入对应的上限。

2.3.3　光敏电阻控制灯

光敏电阻又称光导管，常用的制作材料为硫化镉，另外还有硒、硫化铝、硫化铅和硫化铋等材料。这些制作材料具有在特定波长的光照射下，其阻值迅速减小的特性。这是由于光照产生的载流子都参与导电，在外加电场的作用下做漂移运动，电子奔向电源的正极，空穴奔向电源的负极，从而使光敏电阻器的阻值迅速下降。

通常，光敏电阻器都制成薄片结构，以便吸收更多的光能。当它受到光的照射时，半导体片（光敏层）内就激发出电子——空穴对，参与导电，使电路中电流增强。为了获得高的灵敏度，光敏电阻的电极常采用梳状图案，它是在一定的掩膜下向光电导薄膜上蒸镀金或铟等金属形成的。光敏电阻器通常由光敏层、玻璃基片（或树脂防潮膜）和电极等组成。光敏电阻器在电路中用字母“R”或“RL”“RG”表示。

主要参数与特性：

光电流、亮电阻。光敏电阻器在一定的外加电压下，当有光照射时，流过的电流称为光电流，外加电压与光电流之比称为亮电阻，常用“100LX”表示。亮电阻一般在 5 ~ 10 kΩ。

暗电流、暗电阻。光敏电阻在一定的外加电压下，当没有光照射的时候，流过的电流称为暗电流。外加电压与暗电流之比称为暗电阻，常用“0LX”表示。暗电阻一般为几 MΩ。

灵敏度。灵敏度是指光敏电阻不受光照射时的电阻值（暗电阻）与受光照射时的电阻值（亮电阻）的相对变化值。

光谱响应又称光谱灵敏度，是指光敏电阻在不同波长的单色光照射下的灵敏度。若将不同波长下的灵敏度画成曲线，就可以得到光谱响应的曲线。

光照特性。光照特性指光敏电阻输出的电信号随光照度而变化的特性。从光敏电阻的光照特性曲线可以看出，随着光照强度的增加，光敏电阻的阻值开始迅速下降。若进一步增大光照强度，则电阻值变化减小，然后逐渐趋向平缓。在大多数情况下，该特性为非线性。

伏安特性曲线。伏安特性曲线用来描述光敏电阻的外加电压与光电流的关系，对于光敏器件来说，其光电流随外加电压的增大而增大。

温度系数。光敏电阻的光电效应受温度影响较大，部分光敏电阻在低温下的光电灵敏较高，而在高温下的灵敏度则较低。

额定功率。额定功率是指光敏电阻用于某种线路中所允许消耗的功率，当温度升高时，其消耗的功率就降低。

光敏控制灯的接线原理图如图 2-30 所示，接线图如图 2-31 所示。

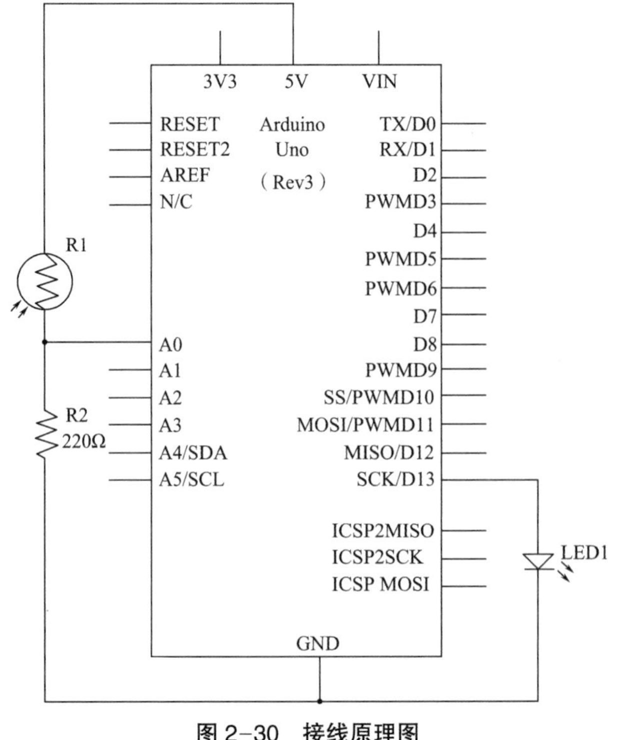

图 2-30 接线原理图

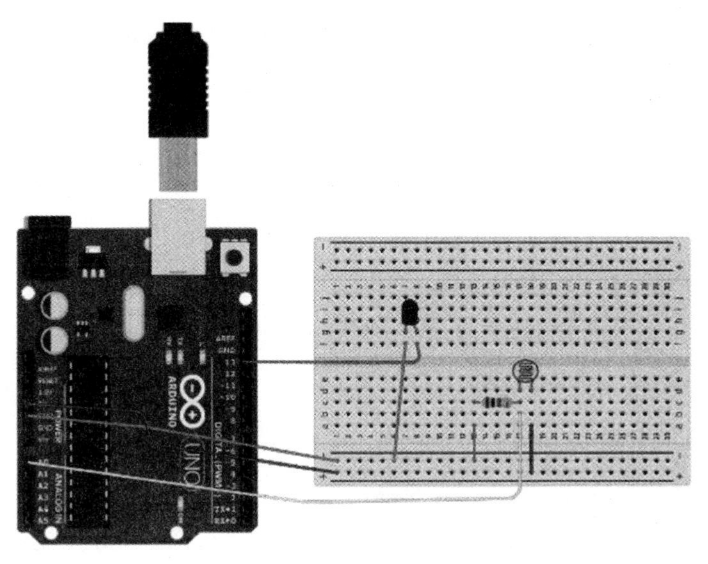

图 2-31　接线图

```
int sensorPin = A0; // 模拟输入引脚
int LEDPin = 13; // LED 指示灯引脚
int sensorValue = 0; // 模拟输入数值变量
void setup() {
// 声明引脚为输出模式
pinMode(LEDPin, OUTPUT);
}
void loop() {
// 读取电位器电压值
sensorValue = analogRead(sensorPin);
// 点亮 LED
digitalWrite(LEDPin, HIGH);
// 使用读取的这个模拟量值作为演示时间，单位 ms，范围 0 ~ 1023
delay(sensorValue);
// 熄灭 LED
digitalWrite(LEDPin, LOW);
// 使用读取的这个模拟量值作为演示时间，单位 ms，范围 0 ~ 1023
delay(sensorValue);
}
```

程序解读：这个程序和电位器控制 LED 闪烁频率完全相同，在实际应用中也只需要调节一些参数的范围，整体的结果无需改变，不管是光控闪烁频率还是光控自动调光功能，采集的数据是完全相同的，输出有所不同，一种是普通的端口输出，另外一种是 PWM 输出。

由于光敏电阻的阻值不可能是零欧姆或者无穷大，所以 A0 监测的电压值不是 0 ~ 5 V，那么 map 函数中第二和第三个参数是否可以是 A0 监测到的实际上下限值?

答：可以。由于监测到的数值有确定的上下边界，可以将此范围内的数值映射到其他范围。

2.3.4 LM35 温度传感器

LM35 是一种使用广泛的温度传感器。由于它采用内部补偿，所以输出可以从 0℃开始。LM35 有多种不同封装型式。在常温下，LM35 不需要额外校准处理即可达到 ± 1/4℃的准确率。其电源供应模式有单电源与正负双电源两种，其引脚如图 2–32 所示，正负双电源的供电模式可提供负温度的量测；两种接法的静止电流 - 温度关系，在静止温度中自热效应低（0.08℃），单电源模式在 25℃下静止电流约 50 μA，工作电压较宽，可在 4 ~ 20 V 的供电电压范围内正常工作，非常省电。

工作电压 4 ~ 30 V，在上述电压范围以内，芯片从电源吸收的电流几乎是不变的（约 50 μA），所以芯片自身几乎没有散热的问题。这么小的电流也使得该芯片在某些应用中特别适合，比如在电池供电的场合中，输出可以由第三个引脚取出，根本无需校准，温度传感器的原理图如图 2–32 所示。

计算公式：

$V_{out\text{-}LM35}(T)$=10mV/℃ × T℃

Arduino UNO 的 anologRead 是 0 ~ 1023 对应 0 ~ 5 V，因此，1℃对应 1023/(5 × 100)=2.046

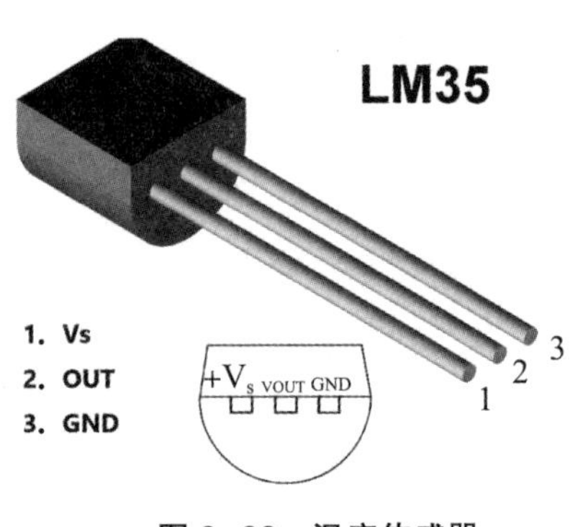

图 2–32 温度传感器

（1）工作电压：直流 4 ~ 30 V。

（2）输出阻抗：1 mA 负载时 0.1 Ω。

（3）精度：0.5℃精度（在 +25℃时）。

（4）漏泄电流：小于 60 μA。

（5）比例因数：线性 +10.0 mV/℃。

（6）非线性值：± 1/4℃。

（7）校准方式：直接用摄氏温度校准。

（8）额定使用温度范围：-55 ~ +150。

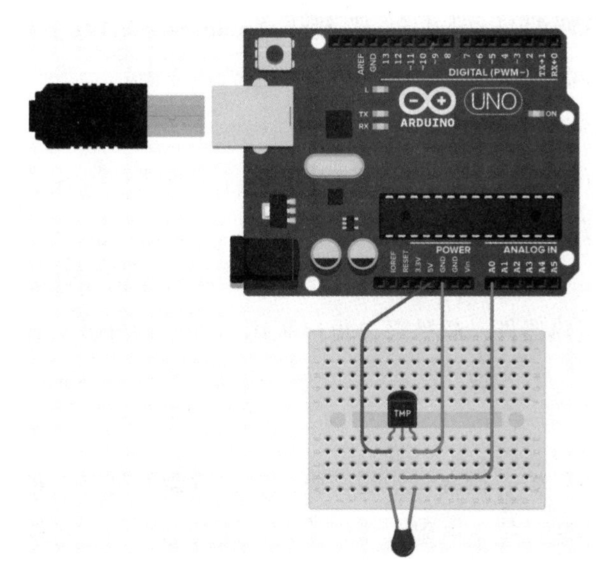

图 2–33　接线图

温度传感器与 UNO 连接如图 2–33 示，考虑到外接线易受电源干扰，在电源端加 1 个 0.1uf 瓷片电容退耦。

```
int potPin = A0; // 定义模拟接口 A0 连接 LM35 温度传感器
void setup()
{
Serial.begin(9600);// 设置波特率
}
void loop()
{
int val;// 定义变量
int dat;// 定义变量
val=analogRead(0);// 读取传感器的模拟值并赋值给 val
dat=(125*val)>>8;// 温度计算公式
Serial.print("Tep:");// 原样输出显示 Tep 字符串代表温度
Serial.print(dat);// 输出显示 dat 的值
Serial.println("C");// 原样输出显示 C 字符串
delay(500);// 延时 0.5 秒
}
```

程序解读：LM35 输出模拟电压，直接用 Arduino 的 AD 功能读取，并把 ADC 采样数据按公式转换成温度。此程序是把温度发送到串口显示。

注意事项：

（1）LM35 输出信号是模拟信号，设计电路时应注意信号线尽量短，接地方式应该按照模拟的方式接地，尽量不要同数字地共用。

（2）LM35 的测温精度取决于电路设计和采样数据优化。电路部分应尽量避免干扰，远离主板上的发热器件，软件部分可以采用多种平均值算法处理，防止得到的数据大幅度跳动。

2.3.5 模拟按键

如果按键过多，而核心板端口不足，可以尝试键盘的另外一种连接方式，模拟按键。一般 n 个电阻串联，每个电阻分压就不同，此时可以用一个模拟量输入口检测电压，确定是哪个按键按下，其原理图如图 2-34 所示。ADC 按键用于端口数量有限，按键数量不多的场合。

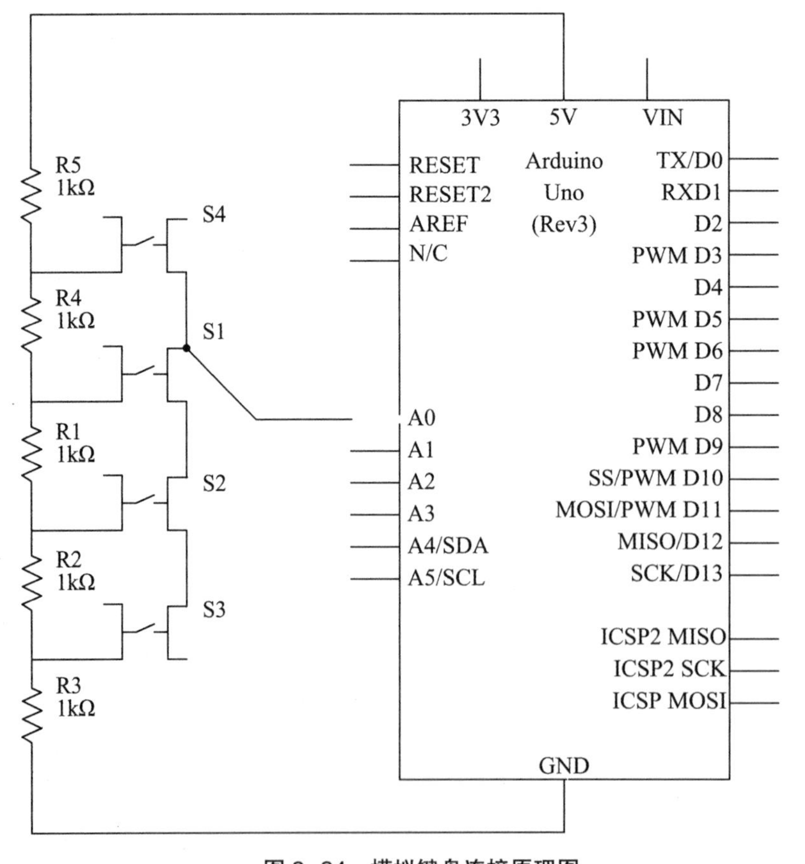

图 2-34 模拟键盘连接原理图

假设有 N 个电阻串联，可以接入 N-1 个开关，每个开关之间的电压差为 5/N，Arduino 的核心板采用 10bit ADC 芯片，测量输出值为 0 ~ 1023（对应 0 ~ 5 V），所以接入开关之后，开关之间的差值为 1023/N，理论最多可以接入的开关为 1023 个。但是受到线路电阻不相等、电气干扰等因素影响，接入的数量远小于 1023 个。同时，为了避免外界因素对确定开关的影响，通过模拟量输入值确定开关位置时，通常取一个范围。本节采用 4 个电阻组成模拟开关，实验接线图如图 2-35 所示。

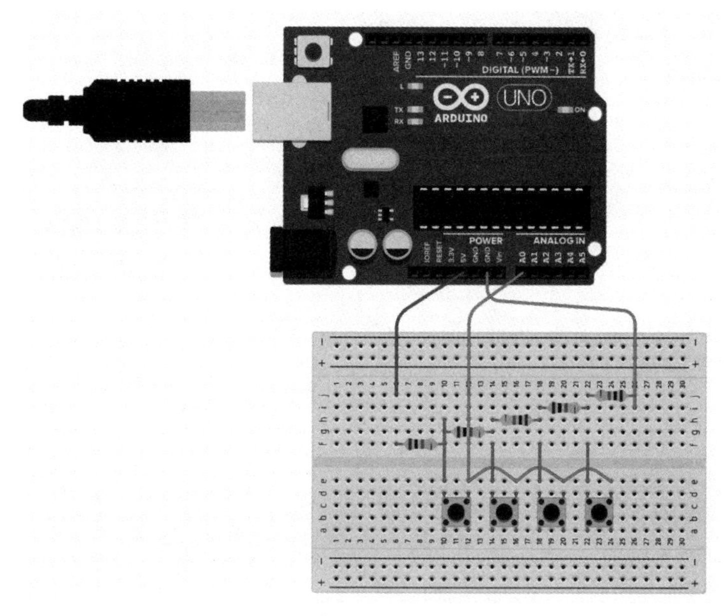

图 2-35　模拟键盘连接接线图

```
//AD 键盘，通过不同的按键接通不同位置的电阻，产生不同的输出电压，
// 把对应的键值传到串口显示
const int analogInPin = A0; // 模拟输入引脚
int keyValueLast=0;
int sensorValue = 0;        // 电位器电压值
void setup() {
 // 初始化串口参数
 Serial.begin(9600);
}
void loop() {
 // 读取模拟量值
 sensorValue = analogRead(analogInPin);
```

```
// 变换数据区间
// 从左至右，按键按下，SensorValue 分别为 1023*（4/5；3/5；2/5；1/5）
//820，615，410，205
// 可以比较得到的 AD 值判断哪个按键按下，比较值建议设置一个区间，比如
// 按键值是 615，可以判断 600<a<630，在这个范围内都可以认为是按键有效。
int keyValue =0;
if(sensorValue>195 && sensorValue<215){
keyValue=4;
}
if (sensorValue>395 && sensorValue<425){
keyValue=3;
}
if (sensorValue>600 && sensorValue<630){
keyValue=2;
}
if (sensorValue>800 && sensorValue<835){
keyValue=1;
}
if(keyValue!=0 && keyValue!=keyValueLast){
Serial.print("KeyPress is = AD Key " );
Serial.print(keyValue);
   // 等待 2ms 进行下一个循环
// 确保能稳定读取下一次数值
delay(20);
keyValueLast=keyValue;// 保存此次状态
}
}
```

程序解读：通过电阻均匀分压，然后将每个分压节点连接到一个 AI 口，不同的按键按下，AI 口会得到不同的电压值，通过判断电压值的范围可以确定是哪个按键按下。按不同的按键，串口输出对应的 ADC 采样数值。不同的按键数值不同，相同的按键数值非常接近，但不一定完全一样，所以实际按键识别的时候需要给定一个范围

值，而不是一个固定值。

将测试程序下载至 Arduino 核心板，调试结果是否如所想，显示按下的按键？

理解：模拟信号容易受到外界的干扰，导致 ADC 读入的数据变化较大。按下某个按键时的确可以输出该键的编号，但是屏幕会一直刷新显示 AD key1 至 AD key4，说明模拟量输入口持续受到噪声干扰。

2.4　PWM 脉宽调制（类似模拟量输出）

PWM 是英文“Pulse Width Modulation”的缩写，简称脉宽调制。它是利用微处理器的数字输出来控制晶体管通断时间，其输出电压不变，实现电压的通断模拟输入功率变化调节。PWM 是对模拟电路进行控制的一种非常有效的技术，广泛应用于测量、通信、功率控制与变换等许多领域。

根据相应载荷的变化来调制晶体管栅极或基极的偏置，来实现开关稳压电源输出晶体管或晶体管导通时间的改变，这种方式能使电源的输出电压在工作条件变化时保持恒定。这里用软件模拟最简单的 PWM，频率不变，脉冲高电平宽度可以调节，如图 2–36 示，实际是调节做功时间，从而达到调节电压、电流或者功率等参数。

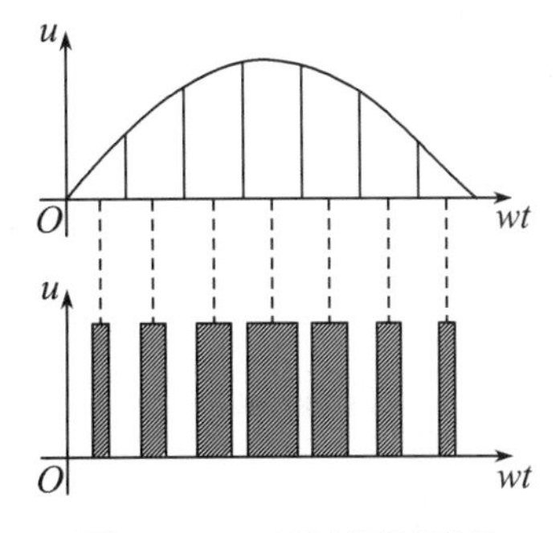

图 2–36　PWM 调制原理

2.4.1　PWM 驱动 LED 亮度渐变

PWM 在一些情况下可以替代 DAC（数模转换）功能，所以在 Arduino 里面使用函数 analogWrite()；写模拟量，Arduino 的 PWM 是 8 位，换算成数字量是 0 ~ 255。PWM 使用芯片内部自带的 PWM 发生器功能，只有在主板上标有 PWM 的端口才能使用这个功能，否则此函数写无效。UNO 的 PWM 端口是 3、5、6、9、10、11。

将 LED 灯串联电阻后接入 D9 和 GND 之间，也可以采用其他带有 PWM 输出功能的数字 I/O 口，原理图如图 2–37 所示，接如图 2–38 所示。

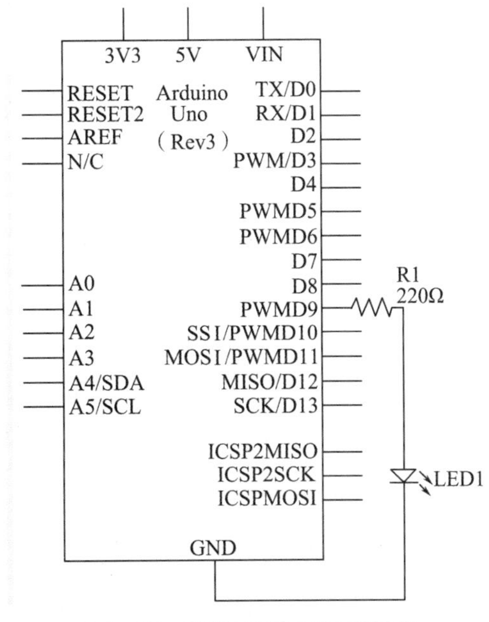

图 2–37　PWM 驱动 LED 原理图

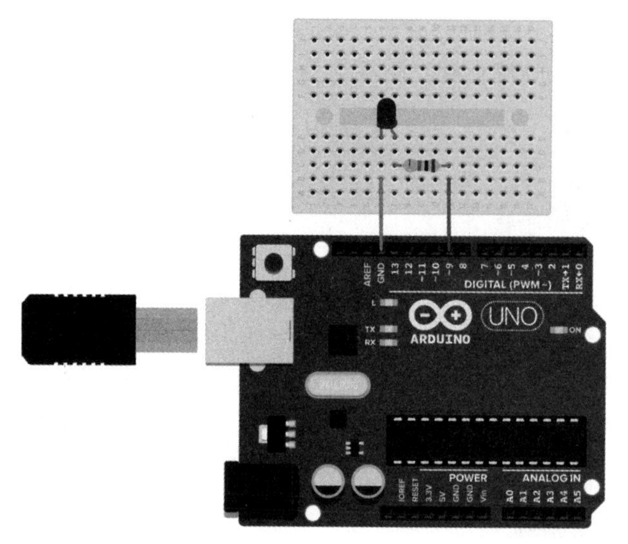

图 2-38　PWM 驱动 LED 连线图

程序：

```
int LED = 9; // LED 引脚定义，这里需要使用有 PWM 功能的引脚
int brightness = 0; // LED 亮度
int fadeAmount = 5; // 调节的单步间隔
// 初始化
void setup() {
// LED 引脚定义位输出
pinMode(LED, OUTPUT);
}
// 主循环
void loop() {
// 设置了 LED 的亮度
analogWrite(LED, brightness);
// 下一个循环调整 LED 亮度
brightness = brightness + fadeAmount;
// 到最大值后反向调整
if (brightness == 0 || brightness == 255) {
fadeAmount = -fadeAmount ;
} /
```

```
/ 等待 30ms
delay(30);
}
```

程序功能：从 0 循环增大 PWM 数值，到 255 后再循环减小到 0，如此循环，LED 状态渐渐变亮然后渐渐变暗直到熄灭，反复循环，就像呼吸的状态一样，电器上面的呼吸灯就是这种方法实现的。

❓ 上面的程序 fadeAmount=5，累加到最后可以到 255，如果改为 6 结果如何？

理解 8 位二进制整型加法的溢出。

2.4.2　模拟量输入控制 PWM 输出

把之前学习过的 ADC 转换、PWM 调光功能结合起来，可以实现呼吸灯效果。模拟量控制 PWM 驱动 LED 的原理图和实物图如图 2-39 和图 2-40 所示。

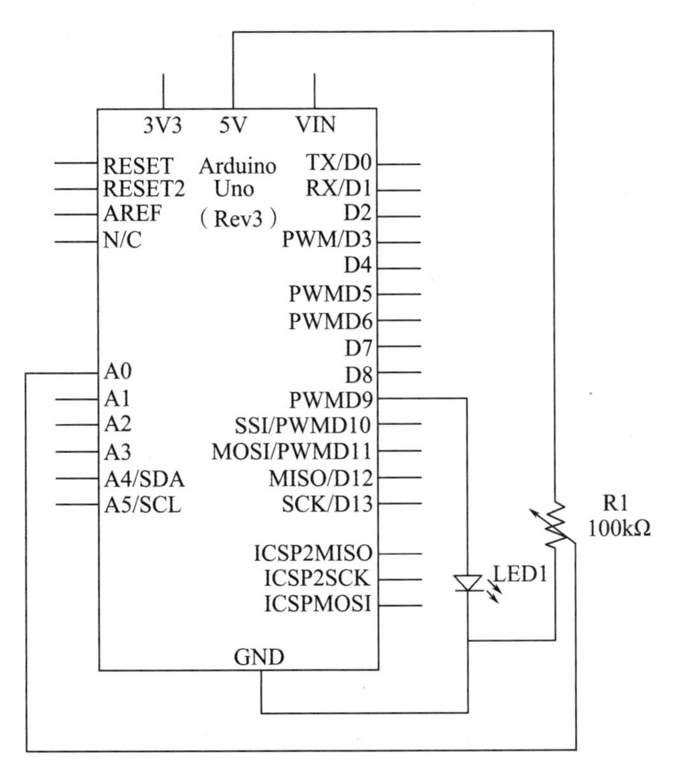

图 2-39　PWM 控制 LED 闪烁原理图

如果不用单片机，使用电位器和 LED 串联也能实现调光功能，这个程序则需要把中间的数据经过单片机处理然后实现同样的效果。这看似复杂，其实这个仅仅是个简单的功能测试，实际使用中还需要加入更多功能，仅仅靠硬件是不容易实现的。通过软件处理信息再输出，把需要更改的参数、功能全部在软件中更改，这样系统更兼容。在硬件系统不改变的条件下，也能实现灵活的功能。这样就大大节省了产品时间和成本，也能迅速提高产品更新速度。

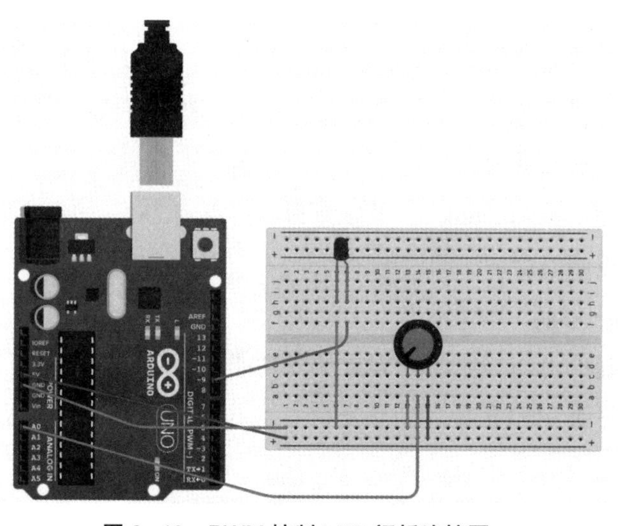

图 2-40　PWM 控制 LED 闪烁连接图

程序：

```
// 引脚定义
const int analogInPin = A0; // 模拟输入引脚 A0
const int analogOutPin = 9; // PWM 输出引脚 D9
int sensorValue = 0; // 初始化电位器电压值
int outputValue = 0; // 初始化模拟量输出值（PWM）
void setup() {
// 串口参数初始化
Serial.begin(9600);
}
void loop() {
// 读取电位器模拟量值
sensorValue = analogRead(analogInPin);
// 变换数据区间 0 ~ 1023 至 0 ~ 255
outputValue = map(sensorValue, 0, 1023, 0, 255);
// 输出对应的 PWM 值
```

```
    analogWrite(analogOutPin, outputValue);
    // 打印结果到串口监视器
    Serial.print("sensor = " );
    Serial.print(sensorValue);
    Serial.print("\n output = ");// \n 换行，可以采用 Serial.println("output = ")
    Serial.println(outputValue);
    // 等待 2ms 进行下一个循环，保证能稳定读取下一次数值
    delay(2);
    }
```

程序解读：这个程序集成了 3 种功能，模拟转换、PWM 输出和串口通信。定义模拟输入引脚 A0，定义 PWM 输出引脚 Pin9，简单定义端口，调用模拟量函数时即可操作这 2 个端口。Arduino 内部已经提前完成相关嵌入式程序封装，只需直接对端口操作。循环读取模拟量，把模拟量进行数据变换至 0 ~ 255，以便适应 PWM 数据输出，然后把模拟量的值显示到串口，把 PWM 的值也显示串口，同时 PWM 的值输出到 LED。实验看到的现象是，电位器转动，LED 的亮度随之变化，串口不停地输出电位器模拟量值和 PWM 输出值。

2.4.3　三色 LED

三基色是指 RGB 三种颜色（Red、Green、Blue），通过这三种颜色不同比例的混合，可以混合显示任何颜色。在单片机中可以通过 PWM 来实现调色功能，之前学习过 PWM 调光功能，使用 1 个单色 LED，主要功能是亮度变化，如果三种颜色都用 PWM 控制其亮度，就可以混合出不同的比例。全彩的 LED 屏幕就是通过这种单个的 RGB 灯珠集成在一起做成的，一个 LED 就是一个像素，这个像素可以通过程序控制显示任何颜色、任何灰度。彩色图像一般也会用 RGB 格式表示，比如 24 位彩色，RGB 三种颜色各占 8 位，每种颜色都有 256（28）个亮度等级，那么整个像素是可以显示 16777216（224）种颜色。这就是一个 8 位三色 LED 像素可以实现的颜色，位数越高，颜色就分得越细。另外一种常用格式是 16 位（RGB 分别占 5、6、5 位），一个像素可以显示 65536（216）种颜色，这种格式在单片机里面用得非常多，尤其是单片机控制的彩屏。还有一种格式是 18 位（RGB 分别占 6、6、6 位），一个像素显示的颜色数量是 262144（218），以前常听说的 26 万色就是说的这种格式。

RGB 也分共阳和共阴，LED 一共 4 个有效引脚，1 个公共端，另外 3 个是三种颜色的另外一端。原理图和接线图如图 2-41 和图 2-42。三基色灯是 3 种颜色灯的组

合，那么控制部分 1 种颜色用 1 路 PWM，三种颜色就用三路 PWM。UNO 有大于 3 路 PWM 功能输出，所以还有剩余 PWM 来完成其他功能。

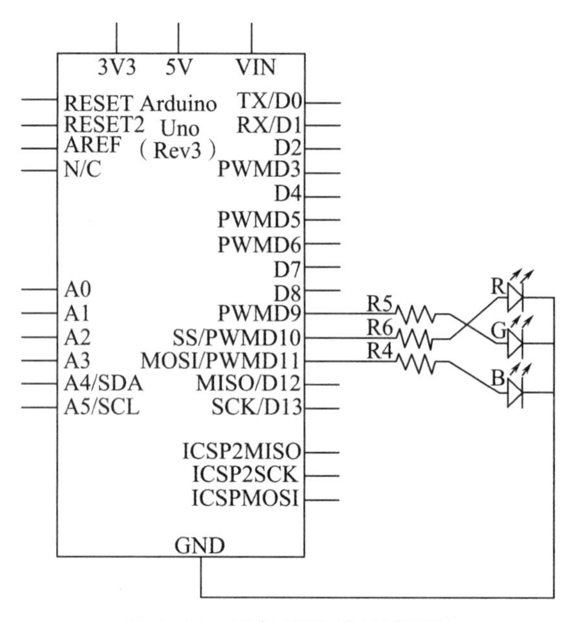

图 2-41　三色 LED 控制原理图

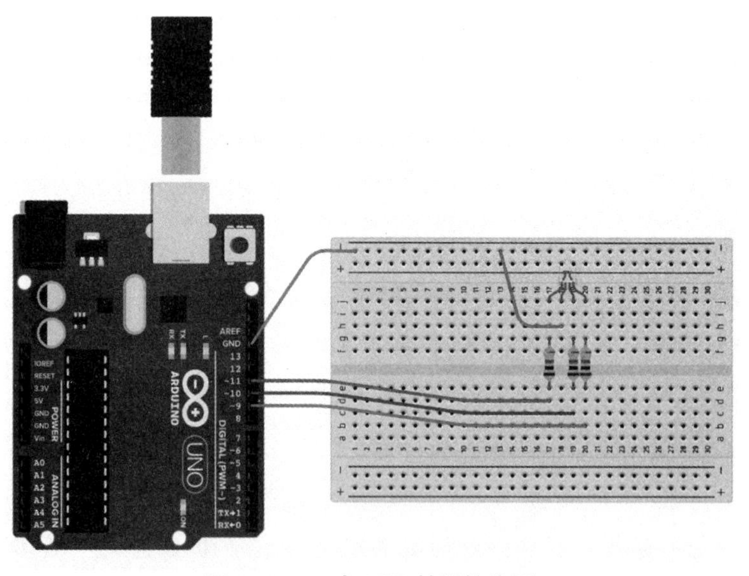

图 2-42　三色 LED 控制接线图

```
/* 通过串口软件写入对应的数据，格式如下：r,g,b, 然后加入回车键
r 代表红色，范围是 0 ~ 255，g 代表绿色，范围是 0 ~ 255，b 代表蓝色，范围是 0 ~ 255
```

```
系统会处理相应的数据并返回相应的值到串口，通过写入不同的数据可以实现
 三色 led 灯的调光变色功能。
  The circuit:
 * led 的 3 个脚连接到 9,10,11 脚
 * 阳极连接到 Vcc
 通过 PWM 功能进行调光，实现 3 种颜色混合显示 */
String inString = "";   // 字符串缓冲区
int currentColor = 0;// 当前颜色
int red, green, blue = 0;// 初始化三色变量
// 初始化
void setup() {
 // 打开串口通信功能等待串口打开
 Serial.begin(9600);
 // 发送信息
 Serial.println("\n\nString toInt() RGB:");
 Serial.println();
 // 设置 3led PWM 控制的端口模式
 pinMode(9, OUTPUT);
 pinMode(10, OUTPUT);
 pinMode(11, OUTPUT);
 // 打开 13 脚 led 作为电源指示：
 pinMode(13, OUTPUT);
 digitalWrite(13, HIGH);
}
// 主循环
void loop() {
 int inChar;
// 读取串口发送的信息：
 if (Serial.available() > 0) {
  inChar = Serial.read();
 }
```

```
if (isDigit(inChar)) {
 // 把读取的 1 个字节变换成字符类型，并添加到字符串中
 inString += (char)inChar;
}
// 如果遇到逗号，转换数据，并设置相应的颜色，把对应的计数值加 1
if (inChar == ',') {
 // 根据读取到的计数值处理不同的颜色数据
 switch (currentColor) {
 case 0:   // 0 = red 表示红色
  red = inString.toInt();
  // 把字符串情况，等待处理下一个
  inString = "";
  break;
 case 1:   // 1 = green: 表示绿色
  green = inString.toInt();
  // 把字符串情况，等待处理下一个
  inString = "";
  break;
 }
 currentColor++;
}
// 如果输入的是回车符号，就是最后一个数据
if (inChar == '\r') {
 blue = inString.toInt();
 // 写入对应的 PWM 值
 analogWrite(11,  255 - red);
 analogWrite(9, 255 - green);
 analogWrite(10, 255 - blue);
 // 打印对应的数据到串口
 Serial.print("Red: ");
 Serial.print(red);
```

```
      Serial.print(", Green: ");
      Serial.print(green);
      Serial.print(", Blue: ");
      Serial.println(blue);
      // 清空字符串缓冲区，等待下一次处理数据
      inString = "";
      // 复位当前颜色的计数值
      currentColor = 0;
    }
  }
```

2.5　串口

2.5.1　串口通信原理

通常，串口、UART 口、COM 口、USB 口是指的物理接口形式（硬件），而 TTL、RS-232、RS-485 是指的电平标准（电信号）。

串口：串口是一个泛称，UART、TTL、RS-232、RS-485 都遵循类似的通信时序协议，因此都被通称为串口。

UART 接口：通用异步收发器（Universal Asynchronous Receiver/Transmitter），UART 是串口收发的逻辑电路，这部分可以独立成芯片，也可以作为模块嵌入其他芯片里，单片机、SOC、PC 里都会有 UART 模块。

COM 口：特指台式计算机或一些电子设备上的 D-SUB 外形（一种连接器结构，VGA 接口的连接器也是 D-SUB）的串行通信口，应用了串口通信时序和 RS-232 的逻辑电平。

USB 口：通用串行总线和串口完全是两个概念。虽然也是串行方式通信，但由于 USB 的通信时序和信号电平都和串口完全不同，因此和串口没有任何关系。USB 是高速的通信接口，用于 PC 连接各种外设，U 盘、键鼠、移动硬盘、USB 转串口模块。（USB 转串口模块，就是 USB 接口的 UART 模块）

TTL、RS-232、RS-485 都是一种逻辑电平的表示方式。

TTL：双极型三极管逻辑电路，市面上很多“USB 转 TTL”模块，实际上是“USB 转 TTL 电平的串口”模块。这种信号 0 对应 0 V，1 对应 3.3 V 或者 5 V。与单片机、SOC 的 I/O 电平兼容。进行串口通信的时候，从单片机直接出来的基本是都是 TTL 电平。

TTL 电平：全双工（逻辑 1：2.4 V ~ 5 V　逻辑 0：0 V ~ 0.5 V）

（1）硬件框图如图 2-43 所示，TTL 用于两个 MCU 间通信。

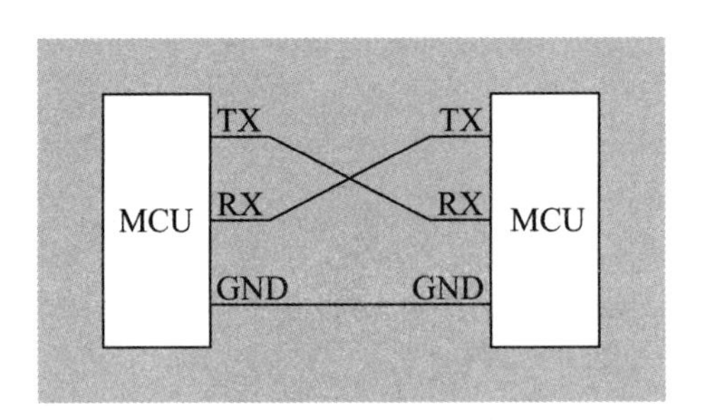

图 2-43　两个 MCU 之间 TTL 通信硬件框图

（2）‘0’ 和 ‘1’ 表示 TTL 电平，如图 2-44 所示。

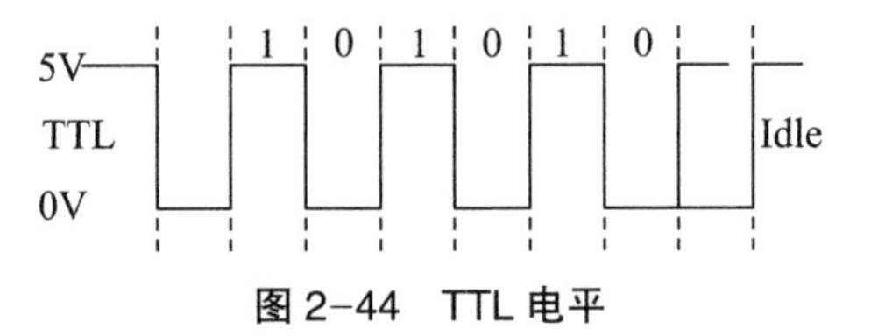

图 2-44　TTL 电平

串行接口按电气标准及协议来分，包括 RS-232-C、RS-422、RS-485 等。RS-232-C、RS-422 与 RS-485 标准只对接口的电气特性做出规定，不涉及接插件、电缆或协议。

RS-232 也称标准串口，是最常用的一种串行通信接口。它是在 1970 年由美国电子工业协会（EIA）联合贝尔系统、调制解调器厂家及计算机终端生产厂家共同制定的用于串行通信的标准。它的全名是“数据终端设备（DTE）和数据通信设备（DCE）之间串行二进制数据交换接口技术标准”。传统的 RS-232-C 接口标准有 22 根线，采用标准 25 芯 D 型插头座（DB25），后来使用简化为 9 芯 D 型插座（DB9），现在应用中 25 芯插头座已很少采用。

RS-232 采取不平衡传输方式，即所谓单端通信。由于其发送电平与接收电平的差仅为 2 V 至 3 V，所以其共模抑制能力差，再加上双绞线上的分布电容，其传送距离最大为约 15 米，最高速率为 20 kb/s。RS-232 是为点对点（即只用一对收、发设备）通信而设计的，其驱动器负载为 3 ~ 7 kΩ。所以 RS-232 适合本地设备之间的通信。

RS-232 是电子工业协会（Electronic Industries Association，EIA）制定的异步传输标准接口，同时对应着电平标准和通信协议（时序）。其电平标准：+3 V ~ +15 V 对应 0，-3 V ~ -15 V 对应 1。RS-232 的逻辑电平和 TTL 不一样，但是协议一样。

RS-232 电平：全双工（逻辑 1：-15 V ~ 5 V；逻辑 0：+3 V ~ +15 V）

（1）硬件框图如图 2-45 所示，TTL 用于 MCU 与 PC 机之间通信。

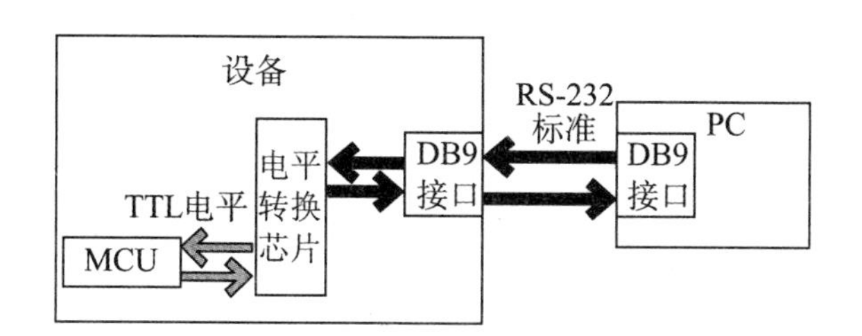

图 2-45　硬件框图

（2）'0' 和 '1' 表示 RS-232 电平，如图 2-46 所示。

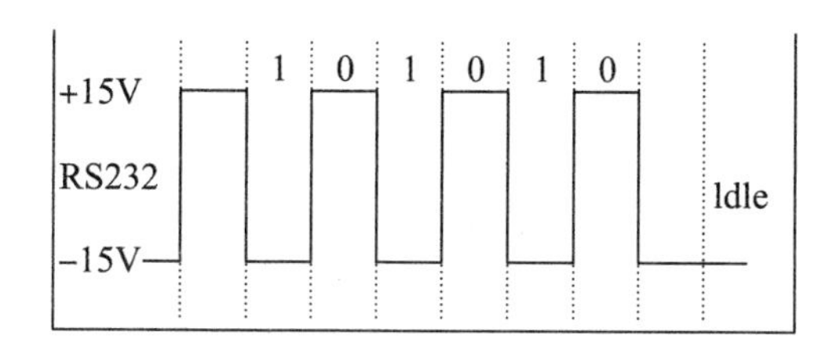

图 2-46　RS-232 电平

RS-422 标准全称是"平衡电压数字接口电路的电气特性"，它定义了接口电路的特性。典型的 RS-422 是四线接口。实际上还有一根信号地线，共 5 根线。其 DB9 连接器引脚定义，由于接收器采用高输入阻抗和发送，驱动器比 RS-232 有更强的驱动能力，故允许在相同传输线上连接多个接收节点，最多可接 10 个节点。即一个主设备（Master），其余为从设备（Slave），从设备之间不能通信，所以 RS-422 支持点对多的双向通信。接收器输入阻抗为 4k，故发端最大负载能力是 10 × 4k+100Ω（终接电阻）。RS-422 四线接口由于采用单独的发送和接收通道，因此不必控制数据方向，各装置之间任何必需的信号交换均可以按软件方式（XON/XOFF 握手）或硬件方式（一对单独的双绞线）实现。

RS-422 的最大传输距离为 1219 米，最大传输速率为 10 Mb/s。其平衡双绞线的长度与传输速率成反比，在 100 kb/s 速率以下，才可能达到最大传输距离。只有在很短的距离下才能获得最高速率传输。一般 100 米长的双绞线上所能获得的最大传输速率仅为 1 Mb/s。

RS-485 是从 RS-422 基础上发展而来的，所以 RS-485 许多电气规定与 RS-422 相仿。如都采用平衡传输方式、都需要在传输线上接终接电阻等。RS-485 可以采用二线与四线方式，二线制可实现真正的多点双向通信，而采用四线连接时，与 RS-422 一样只能实现点对多的通信，即只能有一个主（Master）设备，其余为从设备，但它比 RS-422 有改进，无论四线还是二线连接方式总线上可多接到 32 个设备。

RS-485 是一种串口接口标准，为了长距离传输采用差分方式传输，传输的是差分信号，抗干扰能力比 RS-232 强很多。两线压差为 -（2 ~ 6）V 表示 0，两线压差为 +（2 ~ 6）V 表示 1。RS-485：半双工、（逻辑 1：+2 V ~ +6 V，逻辑 0：-6 V ~ -2 V）这里的电平指 AB 两线间的电压差。

（1）硬件框图如图 2-47 所示。

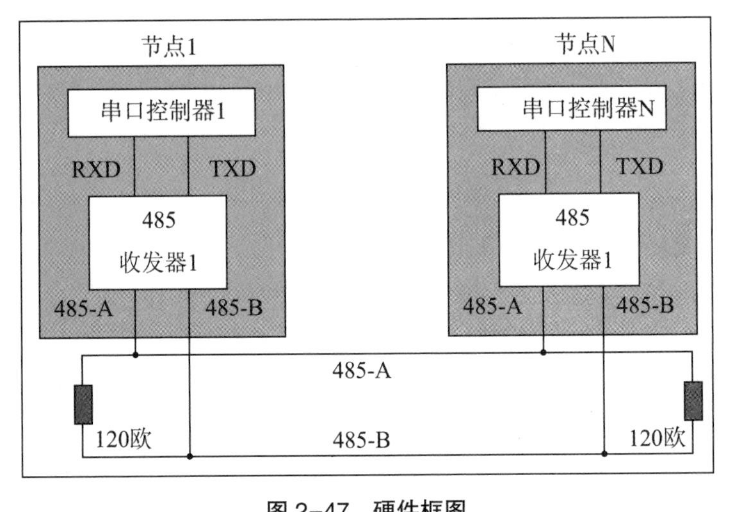

图 2-47　硬件框图

（2）‘0’和‘1’表示 RS-485 电平，如图 2-48 所示。

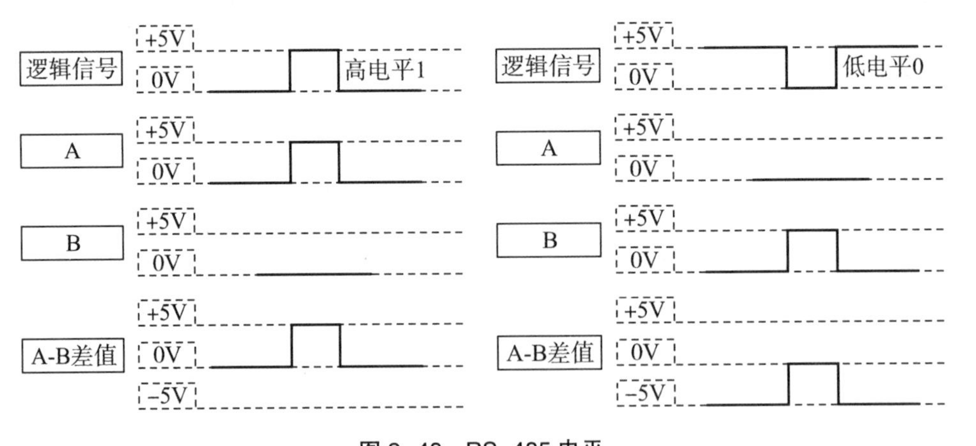

图 2-48　RS-485 电平

RS-485 与 RS-422 的不同还在于其共模输出电压是不同的，RS-485 是 -7 V 至 +12 V 之间，而 RS-422 在 -7 V 至 +7 V 之间，RS-485 接收器最小输入阻抗为 12 kΩ、RS-422 是 4 kΩ；由于 RS-485 满足所有 RS-422 的规范，所以 RS-485 的驱动器可以在 RS-422 网络中应用。

RS-485 与 RS-422 一样，其最大传输距离约为 1219 米，最大传输速率为 10 Mb/s。

平衡双绞线的长度与传输速率成反比，在 100 kb/s 速率以下，才可能使用规定最长的电缆长度。只有在很短的距离下才能获得最高速率传输。一般 100 米长双绞线最大传输速率仅为 1 Mb/s。

一般具有两种物理标准：D 型 9 针插头和 4 针杜邦头两种。

串口主要的参数就是波特率，通信设备两端的波特率相同才能正确通信。波特率的常用范围是 1200 ~ 115200，更高的波特率对硬件的要求比较高，如果硬件不稳定会造成通信失败，丢包等现象。收发数据的频率需要取决波特率参数，串口数据是顺序发送的，一个数据完成才能发送下一个数据，速率不对等则会造成丢包、堵塞。

Arduino UNO 主板只集成了 1 个串口，测试主板的串口是否正常，最简单的方式是主板能否下载程序，因为程序是通过该串口下载的。如果需要多个串口功能则需要使用 Arduino 提供的模拟串口样例（软串口）。在 Arduino 自带样例中提供测试范本，用户自行分析其实用性和稳定性，一般情况完全可以替代硬件串口使用。

2.5.2　Arduino 串口简介

串行接口（Serial Interface）简称串口，也称串行通信接口或串行通信接口（通常指 COM 接口），是采用串行通信方式的扩展接口。在很多时候，Arduino 需要和其他设备相互通信，而最常见最简单的方式就是串口通信。

串行接口是指数据一位一位地顺序传送。其特点是通信线路简单，只要一对传输线就可以实现双向通信（可以直接利用电话线作为传输线），从而大大降低了成本，特别适用于远距离通信，但传送速度较慢。

串口就像一条车道，而并口就像 8 个车道。并口同一时刻能传送 8 位（一个字节）数据，但是并不是说并口速度快。由于 8 位通道之间的互相干扰（串扰），传输时速度就受到了限制，高速传输容易出错。串口没有互相干扰。所以并口虽然同时发送的数据量大，但是速度比串口慢。这就是为什么串口硬盘被人们重视的原因。

Arduino UNO R3 开发板上，硬件串口位于 Rx（0）和 Tx（1）引脚上，如图 2-49 所示，Arduino 的 USB 口通过转换芯片与这两个引脚连接。该转换芯片会通过 USB 接口在 PC 机上虚拟出一个用于 Arduino 通信的串口，下载程序也是通过该串口进行的。

注：在用串口监测时，不能使用 1、2 口作为普通数字量输出。

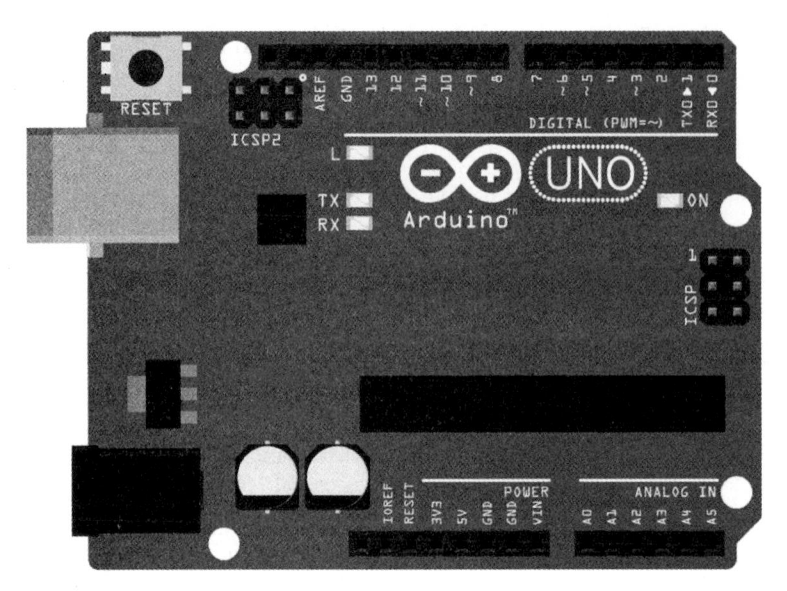

图 2-49　UNO 主板窗口端口位置

2.5.3　相关指令

● Serial.begin()

描述：开启串口，通常置于 setup() 函数中。

原型：Serial.begin(speed)；Serial.begin(speed, config)。

参数：

speed：波特率，一般取值 9600，115200 等。

config：设置数据位、校验位和停止位。默认 SERIAL_8N1 表示 8 个数据位，无校验位，1 个停止位。

返回值：无。

● Serial.end()

描述：禁止串口传输。此时串口 Rx 和 Tx 可以作为数字 I/O 引脚使用。

原型：Serial.end()

参数：无。

返回值：无。

● Serial.print()

描述：串口输出数据，写入字符数据到串口。

原型：Serial.print(val)；Serial.print(val, format)

参数：

val：打印的值，任意数据类型。

format：输出的数据格式。BIN(二进制)、OCT(八进制)、DEC(十进制)、

HEX(十六进制)。对于浮点数，此参数指定要使用的小数位数。

示例：

Serial.print(78, BIN) 得到 "1001110"

Serial.print(78, OCT) 得到 "116"

Serial.print(78, DEC) 得到 "78"

Serial.print(78, HEX) 得到 "4E"

Serial.print(1.23456, 0) 得到 "1"

Serial.print(1.23456, 2) 得到 "1.23"

Serial.print(1.23456, 4) 得到 "1.2346"

Serial.print('N') 得到 "N"

Serial.print("Hello world.") 得到 "Hello world."

返回值：返回写入的字节数。

常用的文本格式命令：\n: 换行，光标到下行行首；\r: 回车，光标到本行行首；\t: 水平制表；\v: 垂直制表。

Serial.println()

描述：串口输出数据并换行。

原型：

Serial.println(val)

Serial.println(val, format)

参数：

val ：打印的值，任意数据类型。

config ：输出的数据格式。

返回值：返回写入的字节数。

Serial.available()

描述：判断串口缓冲区的状态，返回从串口缓冲区读取的字节数。

原型：Serial.available()

参数：无。

返回值：可读取的字节数。

Serial.read()

描述：读取串口数据，一次读一个字符，读完后删除已读数据。

原型：Serial.read()

参数：无。

返回值：返回串口缓存中第一个可读字节，当没有可读数据时返回 -1，整数类型。

Serial.readBytes()

描述：从串口读取指定长度的字符到缓存数组。

原型：Serial.readBytes(buffer, length)

参数：

buffer：缓存变量。

length：设定的读取长度。

返回值：返回存入缓存的字符数。

2.5.4 串口通信实验

通过串口与 UNO 主板通信，解析串口输入的信息，从而控制外设。本案例将 LED 灯连接到 D8 和 D9，在串口中输入 8 和 9，分别控制两个灯亮。连线图如图 2–50 所示。

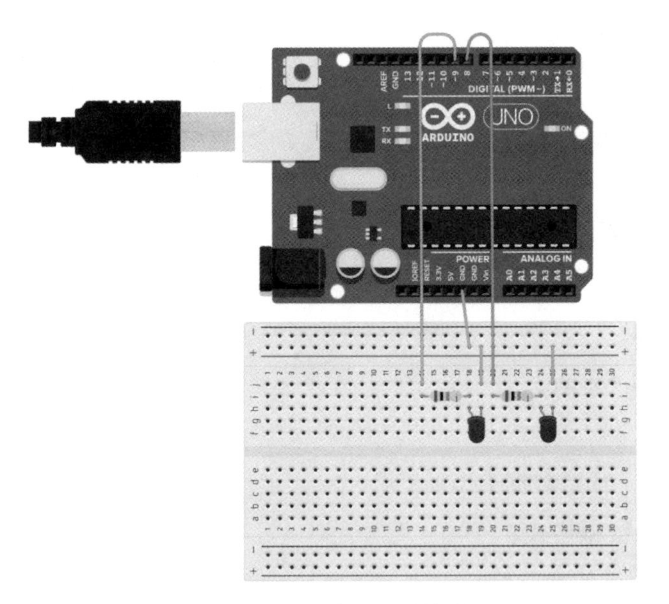

图 2–50　串口通信接线图

通过数据线连接开发板到 PC 机。新建 sketch，拷贝如下代码替换自动生成的代码并进行保存。

```
#define led1 9
#define led2 8
char val;// 如果改成 int 类型试试?
void setup() {
 Serial.begin(9600); // 设置串口波特率 9600
```

```
pinMode(led1,OUTPUT);
pinMode(led2,OUTPUT);
 Serial.println(78, BIN);// "1001110"
 Serial.println(78, OCT);// "116"
 Serial.println(78, DEC);// "78"
 Serial.println(78, HEX);// "4E"
 Serial.println(1.23456, 0);// "1"
 Serial.println(1.23456, 2);// "1.23"
 Serial.println(1.23456, 4);// "1.2346"
 Serial.println('N');// "N"
 Serial.println("Hello world.");// "Hello world."
}
void loop() {
 if(Serial.available())// 返回缓存数据字节数
 { val=Serial.read();// 读取缓存数据 , 存成 char 类型，如果存成 int 类型试试?
  Serial.println(val);
 if (val == 'G') {
   Serial.println("Good Job!");}
 if(val == '9'){
   digitalWrite(led1,HIGH);
   delay(1000);}
   else
   digitalWrite(led1,LOW);
 if(val == '8'){
   digitalWrite(led2,HIGH);
   delay(1000); }
   else
   digitalWrite(led2,LOW);
   delay(1000);
  }
 }
```

设置好对应端口号和开发板类型进行程序下载。打开串口监视器，设置波特率 9600，观察串口打印信息。输入 G，串口返回 "Good Job!"，如图 2-51 所示。

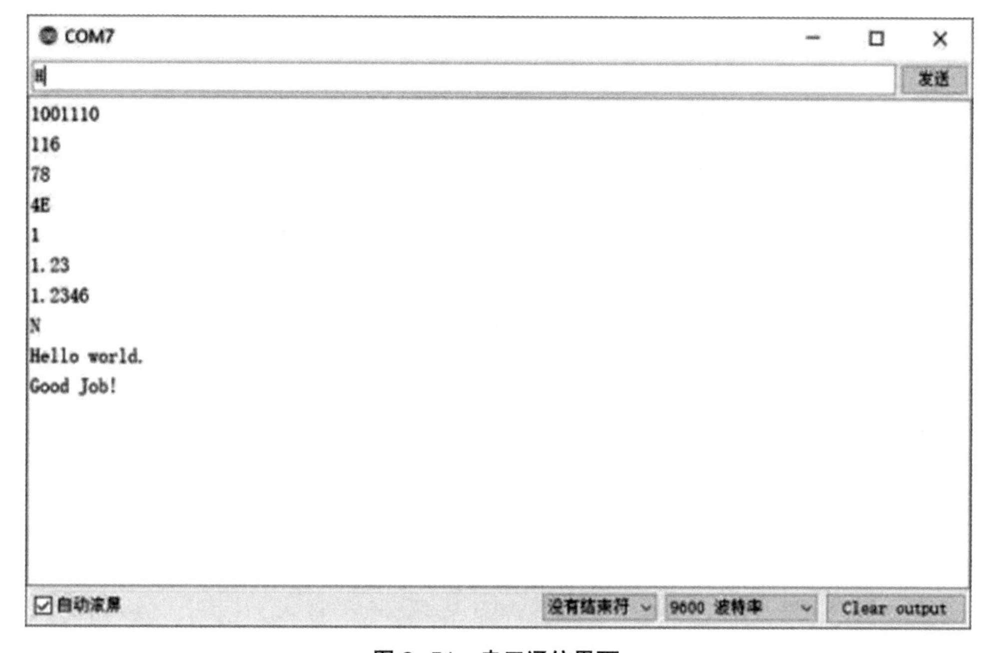

图 2-51　串口通信界面

当发送 9 时，D9 上连接的 LED 灯亮；当发送 8 时，D8 上连接的 LED 灯亮。

2.5.5　软串口

软串口就是用程序模拟硬串口实现通信的功能，可以在 Arduino 主板的引脚进行模拟实现。准备两台电脑和两块 UNO 板，通过 USB 接口连接各自 Arduino 主板，实现硬串口连接。另外，利用 UNO1 板上的 2，3 引脚（Tx，Rx）和 UNO2 板上的 5，6 引脚（Tx，Rx）交叉对联实现软串口通信。

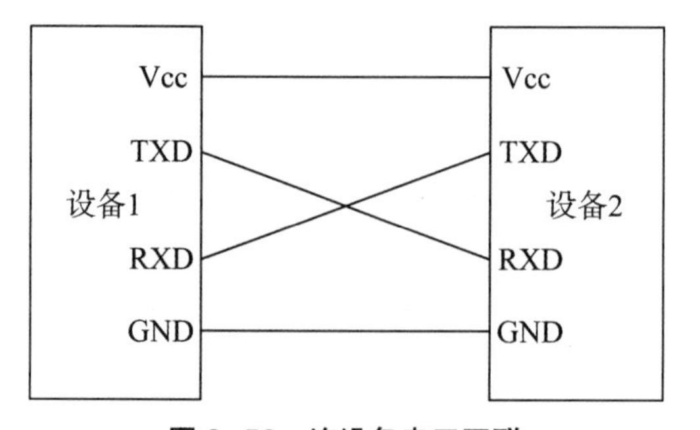

图 2-52　连设备串口互联

```
/* 设备 1 程序 */
#include<SoftwareSerial.h>// 软串口的头文件
// 新建一个 softSerial 对象，Rx:3,Tx:2
 SoftwareSerial softSerial(3,2);
void setup() {
  // 初始化 serial，该串口用于与计算机连接通信 :
  Serial.begin(9600);
  // 初始化 serial1，该串口用于与设备 2 连接通信;
  softSerial.begin(9600);
  softSerial.listen();
}
// 两个字符串分别用于存储 1，2 两端传来的数据
String deviceA_String="";
String deviceB_String="";
void loop() {
  // 读取从计算机传入的数据，并通过 softSerial 发送个设备 2:
  if(Serial.available()>0)
  {
    if(Serial.peek()!='\n'){
      deviceA_String+=(char)Serial.read();
    }
    else{
      Serial.read();
      Serial.print("you said:");
      Serial.println(deviceA_String);
      softSerial.println(deviceA_String);
      deviceA_String="";
    }
  }
  // 读取从设备 B 传入的数据，并在串口监视器中显示
  if(softSerial.available()>0) {
```

```
    if(softSerial.peek()!='\n') {
     deviceB_String+=(char)softSerial.read();
    }
    else {
     softSerial.read();
     Serial.print("device B said:");
     Serial.println(deviceB_String);
     deviceB_String="";
    }
  }
}
```

```
/* 设备 2 程序 */
#include<SoftwareSerial.h>
// 新建一个 softSerial 对象，Rx:6,Tx:5
SoftwareSerial softSerial1(6,5);
void setup() {
 Serial.begin(9600); // 初始化串口通信：
 softSerial1.begin(9600); // 初始化软串口通信；
 softSerial1.listen(); // 监听软串口通信
}
// 两个字符串分别用于存储 1、2 两端传来的数据：
 String deviceB_String="";
 String deviceA_String="";
void loop() {
 // 读取从计算机传入的数据，并通过 serial1 发送个设备 B:
 if(Serial.available()>0) {
  if(Serial.peek()!='\n') {  // 在没接收到回车换行的条件下
   deviceB_String+=(char)Serial.read();  // 这段代码是在把字符串联成字符串
  }
```

```
    else { //这段代码实现从缓冲区读取数据，并将数据发送到计算机显示和软
串口发送；
      Serial.read();
      Serial.print("you said:");
      Serial.println(deviceB_String);
      softSerial1.println(deviceB_String);
      deviceB_String="";
    }
  }
  //读取从设备 A 传入的数据，并在串口监视器中显示
  if(softSerial1.available()>0) {
    if(softSerial1.peek()!='\n') {
      deviceA_String+=(char)softSerial1.read();
    }
    else {
      softSerial1.read();
      Serial.print("device A said:");
      Serial.println(deviceA_String);
      deviceA_String="";
    }
  }
}
```

2.6　习题

1. 在 Arduino，将某个特定引脚设定为输出接口，使用的命符是（　　）。

A. INPUT　　　B. OUTPUT　　　C. HIGH　　　D. LOW

2. 函数 digitalWrite（16，HIGH）；的执行结果是（　　）。

A. 模拟口 A2 电动势拉高

B. 数字口 14 电动势拉高

C. 模拟口 A0 电动势拉高

D. 编译错误

3. 函数 analogWrite（9,i）；其中 i 的取值范围是（　　）。

A. 0 ~ 255　　B. 0 ~ 256　　C. 0 ~ 1023　　D. 0 ~ 1024

4. 导入“IRremote.h”的意思是（　　）。

A. 导入液晶显示库

B. 导入舵机驱动库

C. 导入超声测距库

D. 导入红外遥控库

5. 下列不属于红外通信优点的是（　　）。

A. 抗电磁干扰性能好

B. 结构简单

C. 价格低廉

D. 传输距离远，可穿越障碍物

6. 流水灯设计：利用 Arduino 设计一个自定义流水灯，实现小灯泡按一定的规律和图案点亮。

7. 光照强度控制小灯泡：参考电位器控制流水灯的例子。用光敏电阻代替电位器，自己接线和编程，实现用光照强度控制灯泡点亮个数。

8. 简易电子琴设计：结合学习的矩阵按键，利用实物矩阵按键和喇叭，编写程序，弹奏《小星星》。要求按下按键后，喇叭发出相应音调，如果一直按，则喇叭一直响。

9. 歌曲播放器设计：尝试将自己喜欢的歌曲录入 Arduino，实现自动播放歌曲。

10. 数码管显示：利用串口监视器向 Arduino 分别发送 0123456abcdef，则在数码管上能显示相应的字符，如果发送“x”则数码管熄灭。

第3部分　外部设备介绍

3.1　数码管和 LED 点阵控制

3.1.1　8×8LED 点阵

8×8LED 点阵有共阳 1588BS 和共阴 1588AS 两种类型，其连接原理如图 3-1 所示。

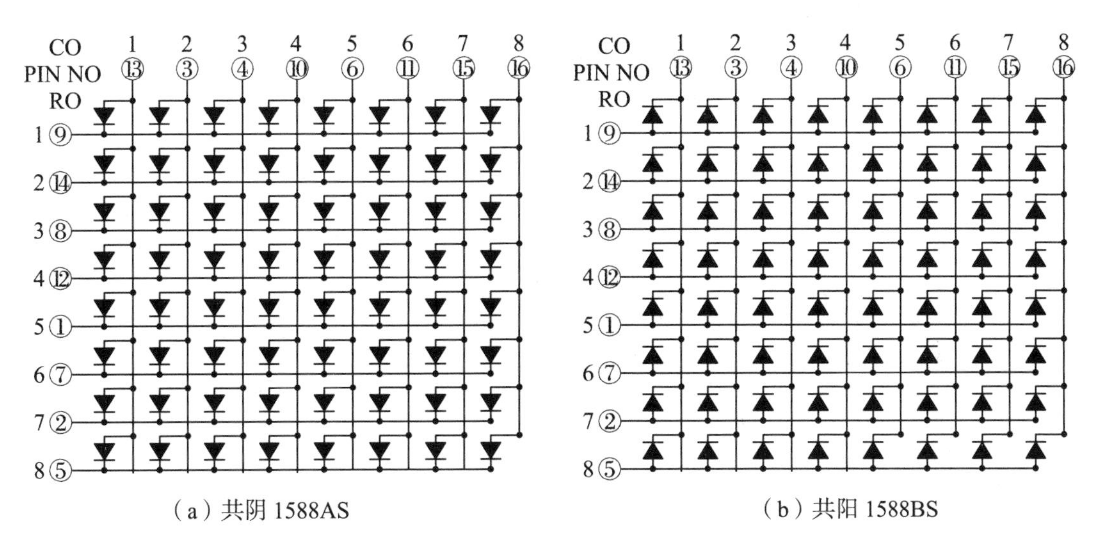

（a）共阴 1588AS　　（b）共阳 1588BS

图 3-1　8×8LED 点阵原理图

每个 LED 被放置在行线和列线的交叉点上，当对应的某一行电平拉高且某一列电平拉低，对应交叉点的 LED 就会点亮。8×8 点阵屏有 16 个管脚，将有丝印的一边朝下，逆时针编号为 1—8，9—16。其对应内部管脚定义如图 3-2 所示。

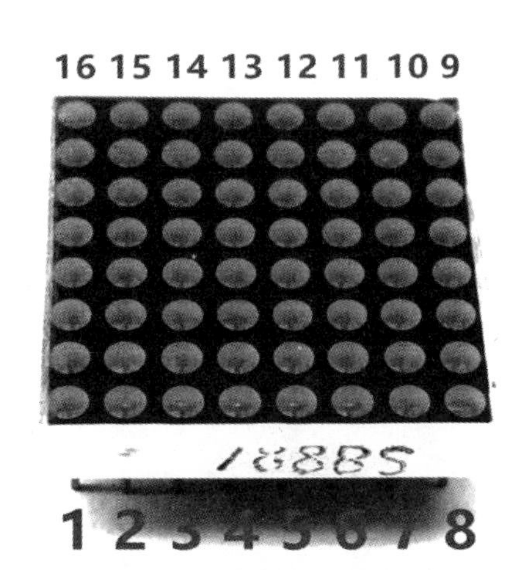

图 3-2　8×8LED 点阵实物图

假设要点亮第一行第一列 LED 灯，将点阵屏的第 9 脚拉高，第 13 脚拉低，其他 LED 控制以此类推即可。8×8 LED 点阵测试过程如下：

（1）根据原理图搭建电路，如图 3-3 所示。根据点阵屏管脚定义，点阵屏的［9，14，8，12，1，

7，2，5］分别连接开发板的［6，11，5，9，14，4，15，2］，这 8 个引脚为 LED 的正极；点阵屏的［13，3，4，10，6，11，15，16］分别连接开发板的［10，16，17，7，3，8，12，13］，这 8 个引脚为 LED 的负极。这里需要注意，UNO R3 开发板的 A0—A5 也可以作普通 GPIO 使用，编号分别为 14—19。

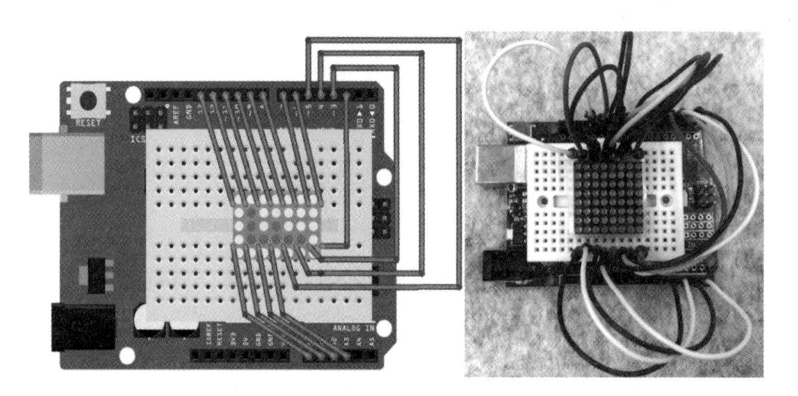

图 3-3　接线图

（2）新建 sketch，拷贝如下代码替换自动生成的代码并进行保存。

```
/*
* 点阵屏显示驱动 */
int leds[8] = {6, 11, 5, 9, 14, 4, 15, 2}; // 点阵屏正极引脚
int gnds[8] = {10, 16, 17, 7, 3, 8, 12, 13}; // 点阵屏负极引脚
void setup() {
 for (int i = 0; i < 8; i++)  {
  pinMode(leds[i], OUTPUT);
  pinMode(gnds[i], OUTPUT);
  digitalWrite(gnds[i], HIGH); // 负极引脚拉高，熄灭所有 LED
 }
}
 void LEDOpen()
{
 for (int i = 0; i < 8; i++)
{
  digitalWrite(leds[i], HIGH);
  digitalWrite(gnds[i], LOW);
```

```
  }
 }
 void LEDClean(){
  for (int i = 0; i < 8; i++)
 {
   digitalWrite(leds[i], LOW);
   digitalWrite(gnds[i], HIGH);
  }
 }
 void LEDCol()
 {
  for (int i = 0 ; i < 8; i++)
 {
   digitalWrite(gnds[i], LOW);
   for (int j = 0; j < 8; j++)
 {
    digitalWrite(leds[j], HIGH);
    delay(40);
   }
   digitalWrite(gnds[i], HIGH);
   LEDClean();
  }
 }// 逐行扫描
 void LEDRow(){
  for (int i = 0 ; i < 8; i++)
  {
   digitalWrite(leds[i], HIGH);
   for (int j = 0; j < 8; j++) {
    digitalWrite(gnds[j], LOW);
    delay(40);
   }
```

```
    digitalWrite(leds[i], LOW);
    LEDClean();
  }
}
void loop() {
  LEDOpen(); // 全部打开
  delay(500);
  LEDClean(); // 全部关闭
  delay(500);
  LEDCol(); // 列扫描
  LEDRow(); // 行扫描
}
```

（3）连接开发板，设置好对应端口号和开发板类型，进行程序下载。

3.1.2　2 线（74HC164）控制 1 个数码管

由于 UNO 核心板的 IO 口有限，控制数码管时尽量用最少的 IO 口是最好的方案。本节介绍 74HC164 串转并芯片控制数码管，该芯片是 8 位串入、并出移位寄存器，即通过一个或两个引脚依次输入状态，然后同时输出需要的状态。其引脚图如图 3-4 所示。

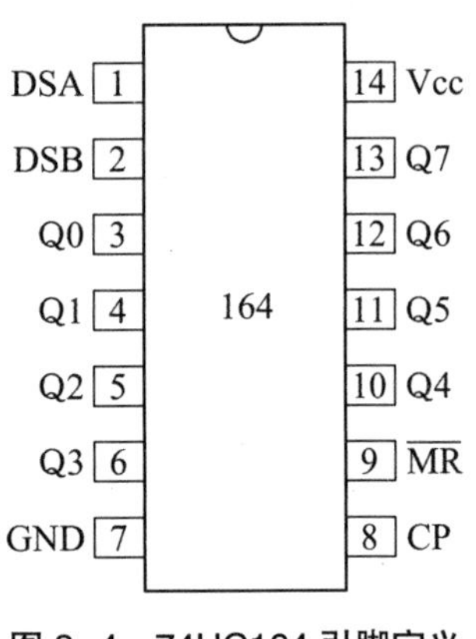

图 3-4　74HC164 引脚定义

74HC164、74HCT164 是高速硅门 CMOS 器件，与低功耗肖特基型 TTL（LSTTL）器件的引脚兼容。74HC164、74HCT164 是 8 位边沿触发式移位寄存器，串行输入数据，然后并行输出。

时钟（CP）每次由低变高时，数据右移一位，输入到 Q0—Q7。输入第一个数据时 Q0 有输出，其余全为初始状态，再次输入数据，Q1 会显示第一次输入的数据，Q0 显示第二次输入的数据。所以要显示十进制数字，需要输入 8 位数据，输入并移位后可以显示目标十进制数据。

数据输入端（DSA 和 DSB）的逻辑与在时钟作用下被输入内部寄存器。可以采用以下两种方式：两个输入端连接在一起作为输入端；通过 DSA 或 DSB 之一串行输入，另一输入端连接高电平使能。两种连接方式的逻辑运算结果是一样的，前者是相同状态相与，后者是输入状态和高电平相与。需要注意的是，采用一端口输入数据时，另一端口一定要连接高电平，不要悬空。

主复位（$\overline{MR}$）输入端上的一个低电平将使其他所有输入端都无效，同时非同步地清除寄存器，强制所有的输出为低电平。具体引脚定义如表 3–1 所列，工作模式如表 3–2 所列。

表 3–1 引脚定义

符号	引脚	说明
DSA	1	数据输入
DSB	2	数据输入
Q0—Q3	3—6	输出
GND	7	地（0V）
CP	8	时钟输入（低电平到高电平边沿触发）
$\overline{MR}$	9	中央复位输入（低电平有效）
Q4—Q7	10—13	输出
Vcc	14	正电源

表 3–2 工作模式

工作模式	输入			输出	
$\overline{MR}$	CP	DSA	DSB	Q0	Q1 至 Q7
复位	L	L	X	X	L:L 至 L
移位	H	↑	1	1	L:q0 至 q6
H	↑	1	h	L	q0 至 q6
H	↑	h	1	L	q0 至 q6
H	↑	h	h	H	q0 至 q6

H=HIGH（高）电平

h= 先于低 - 至 - 高时钟跃变一个建立时间（set-up time）的 HIGH（高）电平

L=LOW（低）电平

l= 先于低 - 至 - 高时钟跃变一个建立时间（set-up time）的 LOW（低）电平

q= 小写字母代表先于低 - 至 - 高时钟跃变一个建立时间的参考输入（referenced input）的状态

↑ = 低 - 至 - 高时钟跃变

74HC164 控制数码管的原理图与连线图如图 3-5、图 3-6 所示。

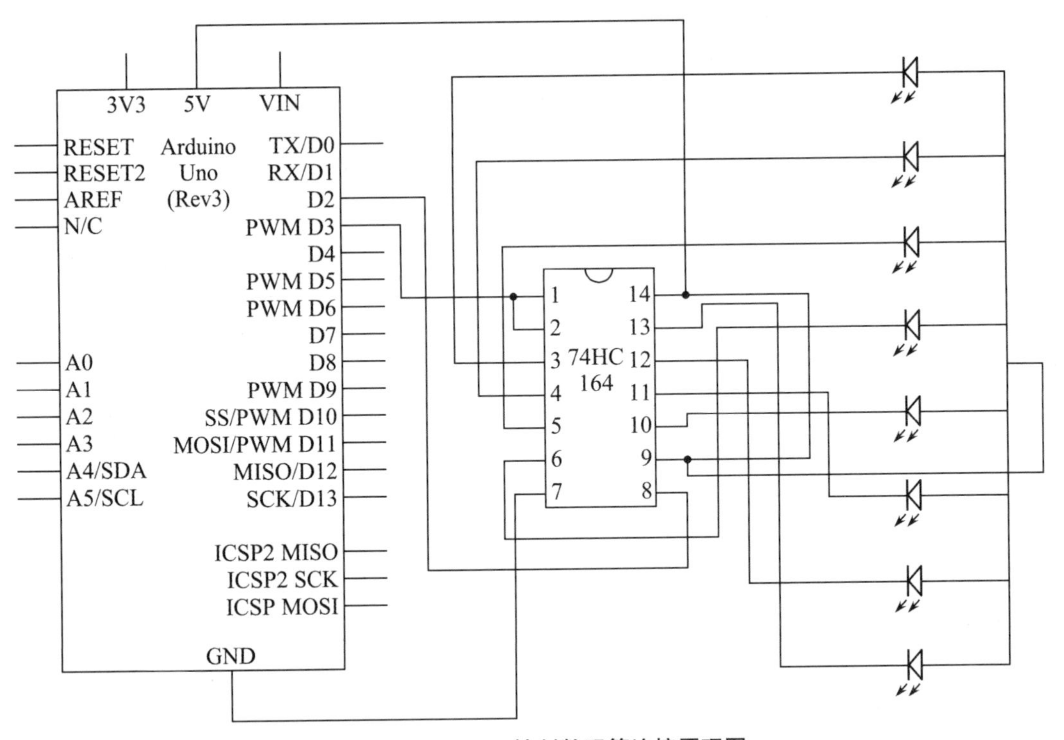

图 3-5 74HC164 控制数码管连接原理图

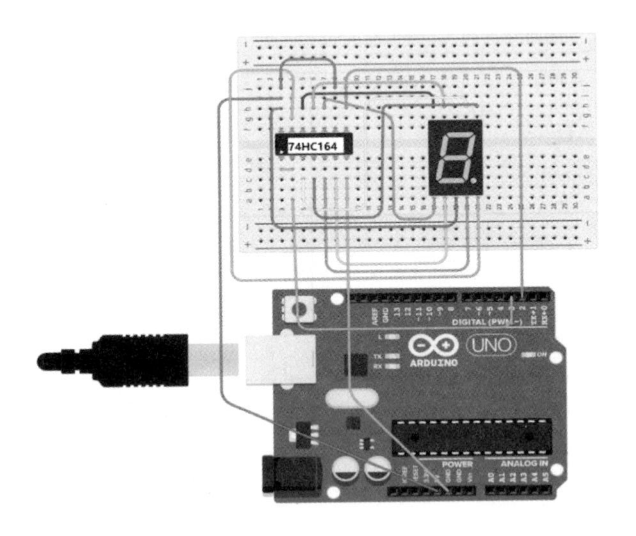

图 3-6 74HC164 与段码管连线图

74HC164 的 Q0—Q7（3—6，10—13 引脚）分别连接数码管的 0—7 引脚，MR 接 +5V 引脚，DSA（1）和 DSB（2）并联然后连接核心板的 D3 引脚，CP（8）连接 D2 引脚。

```
/*5611BH 共阳数码管，显示 0—9 数字 */
// const unsigned char DuanMa[10]={0x3f,0x06,0x5b,0x4f,0x66,0x6d,0x7d,0x07,0x7f,0x6f};// 共阴
const unsigned char DuanMa[16]= {0xC0,0xf9,0xa4,0xb0,0x99,0x92,0x82,0xf8,0x80,0x90,0x88,0x83,0xc6,0xa1,0x86,0x8e };// 共阳
int CLK = 2;
int DAT = 3;//DSA 和 DSB 并联
void setup()
{
// 循环设置，把对应的端口都设置成输出
pinMode(CLK, OUTPUT);
pinMode(DAT, OUTPUT);
Serial.begin(9600);
}
void SendByte(unsigned char dat)
{
static unsigned char i;
  for(i=0;i<8;i++)
  {
  digitalWrite(CLK,0);// 时钟信号为低电平
  digitalWrite(DAT,bitRead(dat,7-i));// 高位先输出。
  digitalWrite(CLK,1);// 时钟变高电平，开始输入并移位
  }
}
// 主循环
void loop()
{
// 循环显示 0-9 数字
      for(int i=0;i<8;i++)
        {
        SendByte(DuanMa[i]);
```

```
        delay(1000); // 调节延时，2 个数字之间的停留间隔
    }
}
```

程序解读：只需要按照时序图操作就可以轻松实现功能，bitRead() 函数是使用频率非常广泛的。只要有串并之间转换的，基本上可以使用这个函数。

3.1.3　5 线（74HC138+74HC164）控制 8 个数码管

Arduino UNO 核心板仅具有 14 个数字量口，而一个 8 段码就需要 8 个 IO 口。对于多个 LED 类的控制，可以采用译码芯片。74HC138 是一款高速 CMOS 器件，74HC138 引脚兼容低功耗肖特基 TTL（LSTTL）系列。其引脚图如图 3-7 所示。

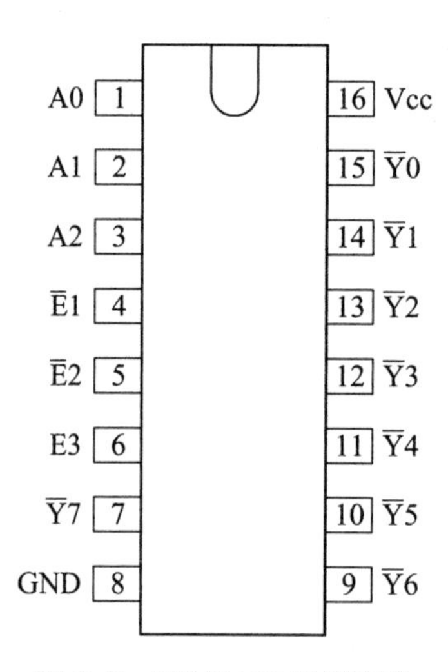

图 3-7　74HC138 引脚定义

74HC138 译码器可接受 3 位二进制加权地址输入（A0，A1 和 A2），提供 8 个互斥的低有效输出（Y0 至 Y7）。74HC138 特有 3 个使能输入端：两个低电平有效（$\overline{E1}$ 和$\overline{E2}$）和一个高电平有效（E3）。只有当 E1 和 E2 置低电平且 E3 置高电平时，地址输入的信息才会输出到输出端。否则，74HC138 将保持所有输出为高电平。利用这种复合使能特性，仅需 4 片 74HC138 芯片和 1 个反相器，即可轻松实现并行扩展，组合成为一个 1—32（5 线到 32 线）译码器。任选一个低电平有效使能输入端作为数据输入，而把其余的使能输入端作为选通端，则 74HC138 译码器可充当一个 8 输出多路分配器，未使用的使能输入端必须保持绑定在各自合适的高电平有效或低电平有效状态，其编译功能如表 3-3 所列。

表 3-3　74HC138 译码器功能表

输入						输出							
E_3	$\overline{E_2}$	$\overline{E_1}$	A_2	A_1	A_0	$\overline{Y_0}$	$\overline{Y_1}$	$\overline{Y_2}$	$\overline{Y_3}$	$\overline{Y_4}$	$\overline{Y_5}$	$\overline{Y_6}$	$\overline{Y_7}$
X	H	X	X	X	X	H	H	H	H	H	H	H	H
X	X	H	X	X	X	H	H	H	H	H	H	H	H
L	X	X	X	X	X	H	H	H	H	H	H	H	H
H	L	L	L	L	L	L	H	H	H	H	H	H	H
H	L	L	L	L	H	H	L	H	H	H	H	H	H
H	L	L	L	H	L	H	H	L	H	H	H	H	H
H	L	L	L	H	H	H	H	H	L	H	H	H	H
H	L	L	H	L	L	H	H	H	H	L	H	H	H
H	L	L	H	L	H	H	H	H	H	H	L	H	H
H	L	L	H	H	L	H	H	H	H	H	H	L	H
H	L	L	H	H	H	H	H	H	H	H	H	H	L

将共阳极数码管与 74HC138 芯片相连接。程序运行中，当任意输出端为低电平时，数码管上仅有一个对应的 LED 灯亮，说明译码功能有效。数码管、74HC138 与 UNO 的连线如图 3-8 所示。

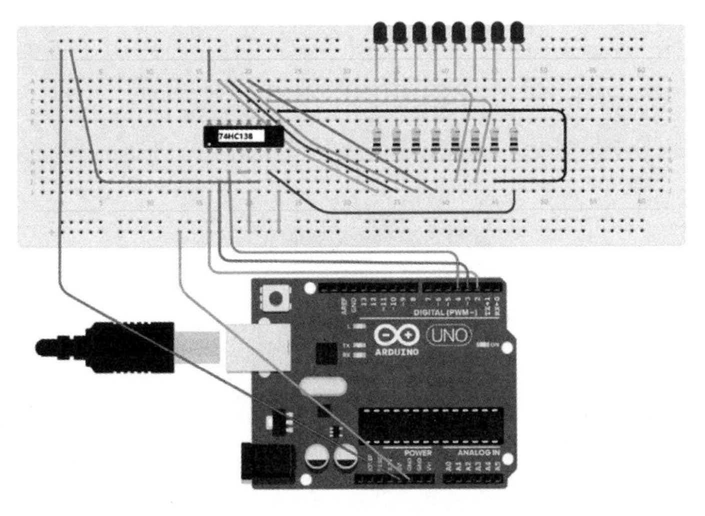

图 3-8　连线图

```
int segCount = 3;
int segPins[] = {2,3,4 }; // A,B,C
void setup()
{
// 循环设置，把对应的端口都设置成输出
for (int thisSeg = 0; thisSeg < segCount; thisSeg++)
  {
    pinMode(segPins[thisSeg], OUTPUT);
  }
}
// 数据处理，把需要处理的 byte 数据写到对应的引脚端口。
void deal(unsigned char value)
{
for(int i=0;i<3;i++)
digitalWrite(segPins[i],bitRead(value,i));// 使用了 bitWrite 函数，非常简单
// !bitRead(value,i)，这里前面加！（非运算符号），取决于使用的是共阴还是
共阳数码管。
}
// 主循环
void loop()
{
// 循环输出 0-7，在 138 的输出端是 Y0-Y7 依次为 0,138 任何时刻只有 1 个脚
为低电平。
for(int i=0;i<8;i++)
  {
  deal(i);//
  delay(1000);// 延时 1 秒
  }
}
```

程序解读：74HC138 是译码芯片，使用 3 根线控制 8 根输出线状态，任何时刻只能有一根输出线有效，这个是芯片的最大特性，所以在作为数码管动态扫描中控制位选是绝佳的选择。其引脚定义见图 3-7。

试采用 74HC138 作为位选，74HC164 作为段码控制，如何采用 5 个 IO 控制 8 个数码管？

3.1.4　11 线（74HC138+74HC573）控制 8 个数码管

74HC573 的八个锁存器都是透明的 D 型锁存器，其引脚定义如图 3-9 所示。数据锁存功能是当输入的数据消失时，在芯片的输出端数据仍然保持，这个概念在并行数据扩展中经常使用到。

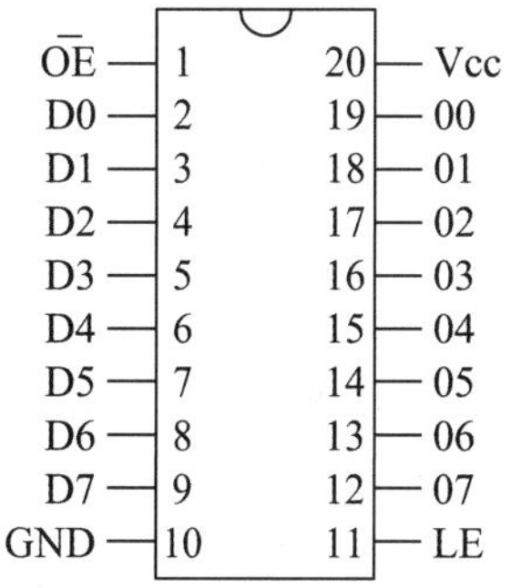

$\overline{OE}$	1	20	Vcc
D0	2	19	00
D1	3	18	01
D2	4	17	02
D3	5	16	03
D4	6	15	04
D5	7	14	05
D6	8	13	06
D7	9	12	07
GND	10	11	LE

图 3-9　74HC573 引脚定义

当使能（LE）为高时，Q 输出将随数据（D）输入而变。当使能为低时，输出将锁存在已建立的数据电平上。输出控制不影响锁存器的内部工作，即老数据可以保持，甚至当输出被关闭时，新的数据也可以置入。这种电路可以驱动大电容或低阻抗负载，可以直接与系统总线接口并驱动总线，而不需要外接口。特别适用于缓冲寄存器、I/O 通道、双向总线驱动器和工作寄存器，引脚具体定义如表 3-4 所列。

表 3-4　引脚定义表

引脚	符号	功能
1	/OE	3 态输出使能，低电平有效
2，3，4，5，6，7，8，9	D0—D7	数据输入
12，13，14，15，16，17，18，19	Q0—Q7	3 态锁存输出
11	LE	锁存使能，高电平有效
10	GND	接地
20	Vcc	供电

当输入使能 OE 为低电平，输入有效，此时，锁存使能 LE 高电平，D0—D7 的状态直接输出到 Q0—Q7；而锁存使能 LE 低电平，输出保持之前的状态；当输入使能 OE 高电平，无论 LE 和 D 输入，输出端均为高阻态。高阻态既不输出高电平也不是低电平，而是高阻抗状态，这种状态下，可以多个芯片并联输出。但是，这些芯片中只能有一个处于非高阻态，否则会将芯片烧坏。其真值表如表 3-5 所列。

表 3-5 真值表

输入			输出
输入使能 /OE	锁存使能 LE	D	Q
L	H	H	H
L	H	L	L
L	L	X	不变
H	X	X	Z

注：X 表示取任何值不影响，Z 表示高阻抗状态。

段码管的型号用的是SMA420364L，接线原理图和连线图如图 3-10 和图 3-11 所示。

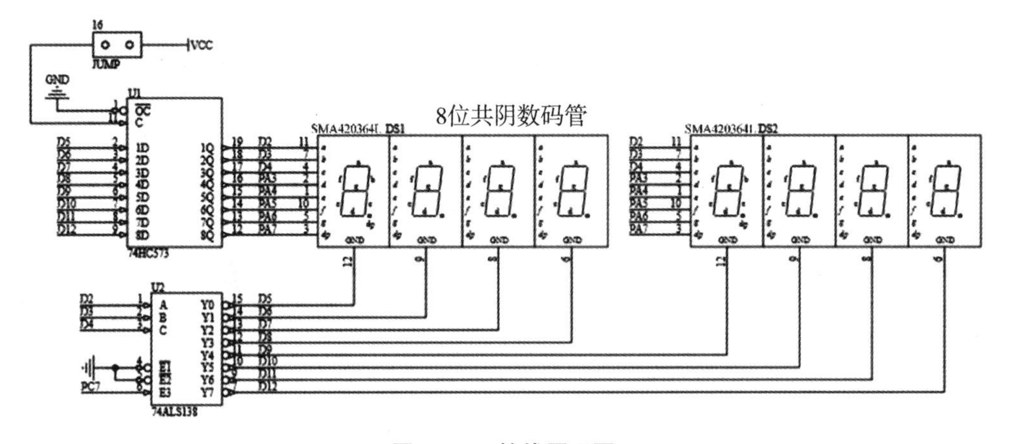

图 3-10 接线原理图

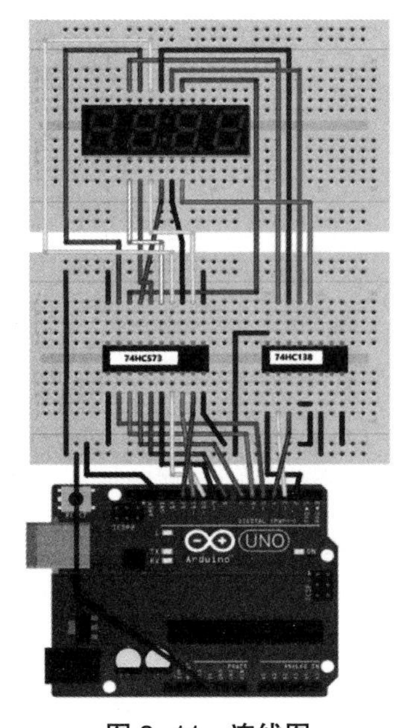

图 3-11 连线图

```
// 定义段码，这里是共阳段码，如果是共阴只需要在程序中把读到的值按位取反即可
const unsigned char
DuanMa[16]={0xc0,0xf9,0xa4,0xb0,0x99,0x92,0x82,0xf8,0x80,0x90,0x88,0x83,0xc6,0xa1,0x86,0x8e};
int segCount = 3;
int segPins[] = {2,3,4 }; // A,B,C
int dataCount=8;
int dataPins[]={5,6,7,8,9,10,11,12};
void setup()
{
// 循环设置，把对应的端口都设置成输出
for (int thisSeg = 0; thisSeg < segCount; thisSeg++)
  {
  pinMode(segPins[thisSeg], OUTPUT);
  }
for(int thisCount=0;thisCount<dataCount;thisCount++)
  {
  pinMode(dataPins[thisCount],OUTPUT);
  }
}
// 数据处理，把需要处理的 byte 数据写到对应的数码管。
void deal(int segNum, unsigned char value)
{
//138 译码器，将 segNum 转化为 3 个地址状态
for(int i=0;i<3;i++)
digitalWrite(segPins[i],bitRead(segNum,i));// 使用了 bitWrite 函数，非常简单
// !bitRead(value,i)，这里前面加！（非运算符号），取决于使用的是共阴还是共阳数码管。
for(int i=0;i<8;i++)
  {
```

```
    digitalWrite(dataPins[i],bitRead(DuanMa[value],i))
    }
}
// 主循环
void loop()
{
for(int i=0;i<8;i++)
    {
    deal(i,i);// 第 i 个段码显示数字 i
    delay(1000);// 延时 1 秒
    }
}
```

3.1.5 10 线（2 片 74HC573）控制 8 个数码管

之前学习过 4 位数码管的动态扫描，使用单片机端口直接驱动，4 位数码管需要使用 8（段码）+4（位码）个控制端口，如果是 8 位数码管则需要 8+8=16 根端口线，这在一些引脚数较少的单片机中不容易实现，如果使用外部数字芯片，能有效地节省端口和片内资源。

74HC573 是锁存器，在扩展 RAM 或者 ROM 时候常用。这里提及一下锁存的作用，从上述电路图看芯片的结构，左边 8 位是输入信号，右边 8 位是输出信号，还有 2 根控制信号。将输入使能 OE 直接接地，控制锁存使能 LE 进行输出控制。

如果芯片处于直通状态，右边的输出信号等于左边的输入信号，若没有这个芯片，线路将直接短接。如果提供锁存信号，右边的输出信号就不会改变了，一直持续锁存之前的信号，不管输入信号如何变化，输出都不变。利用这种特性，可以让端口复用，比如端口 D0—D7 同时接入 74HC573-1 和 74HC573-2，前者控制段选，后者控制位选，另外需要 D9 和 D8 分别控制两个锁存器的输出锁存使能。这样只用 10 根线就可以控制 8 个 LED 段码管。完整原理图和连线图如图 3−12 和图 3−13 所示。

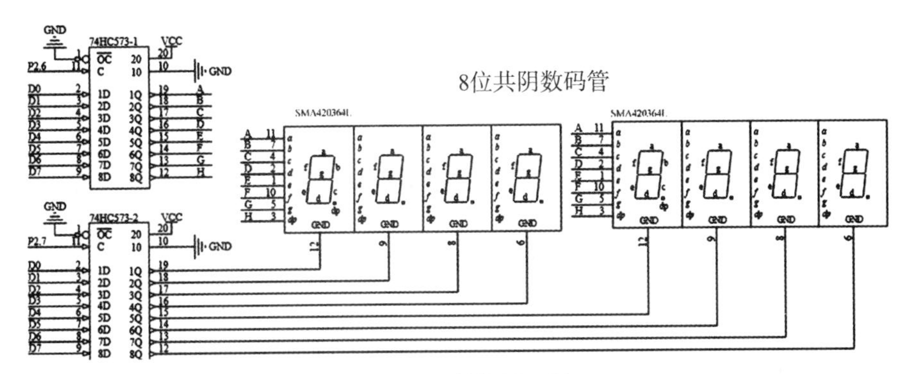

图 3-12　接线原理图

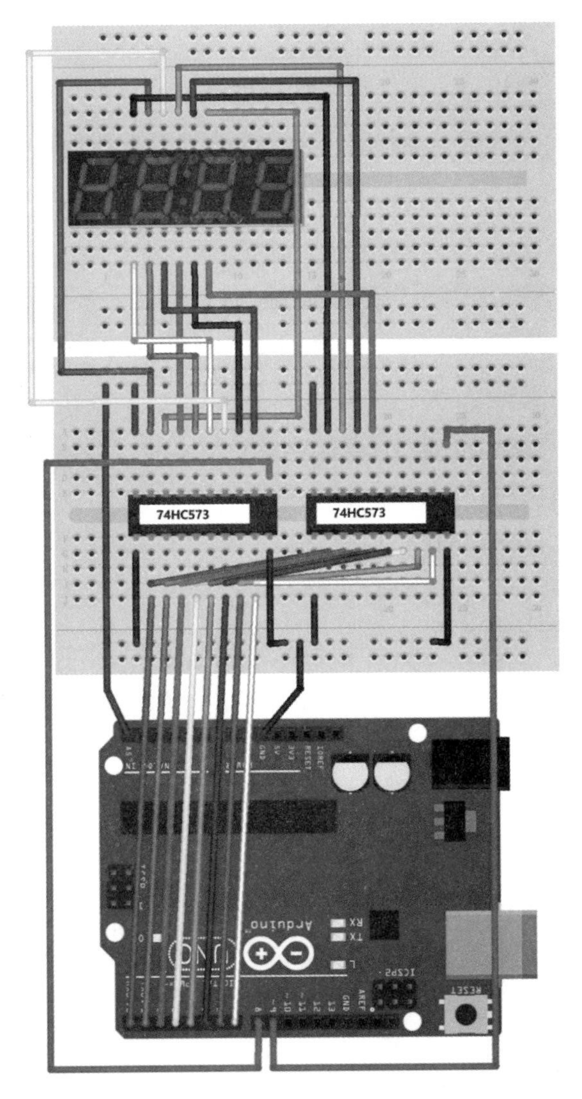

图 3-13　连线图

```
int LEDCount=8;
// 定义段码，这里是共阴段码，可以使用数码管段码软件改变数组值或者任
意显示形状
const unsigned char
dofly_DuanMa[10]={0x3f,0x06,0x5b,0x4f,0x66,0x6d,0x7d,0x07,0x7f,0x6f};
// 位码
unsigned char const WeiMa[]={0xfe,0xfd,0xfb,0xf7,0xef,0xdf,0xbf,0x7f};
// 对应的 8 位数据引脚，0 脚接 D0 以此类推
int LEDPins[] = {0,1,2, 3, 4, 5, 6, 7, };
int latchA = 8;// 位码锁存控制端 ,74HC573-2 是控制位选的
int latchB = 9;// 段码锁存控制端 ,74HC573-1 是控制段选的
void setup()
{
// 循环设置，把对应的端口都设置成输出
for (int thisLED = 0; thisLED < LEDCount; thisLED++)
  {
  pinMode(LEDPins[thisLED], OUTPUT);
  pinMode(latchA, OUTPUT);
  pinMode(latchB, OUTPUT);
  }
}
// 数据处理，把需要处理的 byte 数据写到对应的引脚端口。
void deal(unsigned char value)
{
for(int i=0;i<8;i++)
digitalWrite(LEDPins[i],bitRead(value,i));// 使用了 bitWrite 函数，非常简单
// !bitRead(value,i)，这里前面加！（非运算符号），取决于使用的是共阴还是
共阳数码管。
}
// 主循环
void loop()
```

```
{
// 循环显示 0-9 数字
  for(int i=0;i<8;i++)
  {
  deal(0);// 清空段码，不显示，不然会造成”鬼影“
  digitalWrite(latchB,HIGH);// 先将段码控制芯片输出锁存使能，清空
  digitalWrite(latchA,LOW);
  deal(WeiMa[i]);// 读取对应的位码值
  digitalWrite(latchA,HIGH);// 再将位码控制芯片输出锁存使能
  digitalWrite(latchB,LOW);
  deal(dofly_DuanMa[i]);// 读取对应的段码值
  digitalWrite(latchB,HIGH); // 再将段码控制芯片输出锁存使能
  digitalWrite(latchA,LOW);
  delay(2); // 调节延时，2 个数字之间的停留间隔
  }
}
```

程序解读：这个部分的程序和 4 位数码管非常相似，动态扫描的原理完全一样，设置 8 个缓冲区用于存储每个数码管需要显示的信息。主循环部分循环扫描 8 位数码管，扫描部分思路如下：先清空当前所有显示数据（段码为 0，共阳则为 1），然后发送当前需要显示的段码并锁存，再发送当前需要显示的位码并锁存。此时数码管就已经可以显示指定的信息，把这个显示的信息保持一段时间（这个时间取决于视觉暂留时间，可以实际调整），然后进入下一个循环，也就是下一个数码管的显示处理。

? 是否可以采用 2 片 74HC164 控制 8 个数码管?

3.1.6 2 片 74HC595 控制 8×8LED 点阵

74HC595 最重要的功能为串行输入、并行输出。与 74HC164 不同的是，595 需要在 12 脚（存储寄存器时钟输入引脚）上升沿时，数据从移位寄存器转存到存储寄存器，刷新至输出端。此外，多个 595 芯片可以串接（9 引脚接下一个 14 引脚），即可实现串行输入、多位并行输出，引脚定义如图 3–14 所示。

3 态高速位移寄存器 595 里有 2 个 8 位寄存器：移位寄存器、存储寄存器。74HC595 的移位寄存器工作方式类比于乘斜梯上地铁的过程。串行输入阶段，已进入

的位数据依次下移（所以叫移位寄存器），就像先上的乘客被后上的推动，整体慢慢往车尾移动。然后，地铁到站，移位寄存器中的数据转储到存储寄存器并行输出。第一个输入的位，是并行输出的最后一个位。

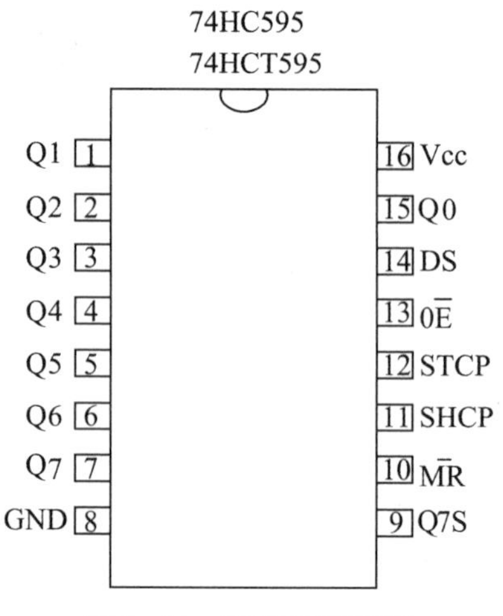

图 3-14　74HC595 引脚

引脚定义：

14 脚：DS（SER，Serial data input），串行数据输入引脚。

13 脚：/OE，输出使能控制脚，如果它不工作，那么 595 的输出就是高阻态，595 就不受程序控制。OE 的上面有一横线，表示低电平有效，可以将其接 GND。

12 脚：RCK（storage register clock input），存储寄存器时钟输入引脚。上升沿时，数据从移位寄存器转存到存储寄存器。

11 脚：SCK（shift register clock input），移位寄存器时钟引脚，上升沿时，移位寄存器中的 bit 数据整体后移，并接受新的 bit（从 SER 输入）。

10 脚：/MR，低电平时，清空移位寄存器中已有的 bit 数据，一般不用，接高电平即可。

9 脚：串行数据出口引脚。当移位寄存器中的数据多于 8bit 时，会把已有的 bit“挤出去”，就是从这里出去的。用于 595 的级联。

Qx：并行输出引脚

具体引脚定义如表 3-6 所列。

表 3-6　引脚定义

符号	引脚	描述
Q0—Q7	第 15 脚，第 1—7 脚	8 位并行数据输出
GND	第 8 脚	地
Q7	第 9 脚	串行数据输出
$\overline{MR}$	第 10 脚	主复位（低电平）
SHCP	第 11 脚	数据输入时钟线
STCP	第 12 脚	输出存储器锁存时钟线
OE	第 13 脚	输出有效（低电平）
DS	第 14 脚	串行数据输入
Vcc	第 16 脚	电源

595 的数据来源是引脚 14，一次只能输入一个位，那么连续输入 8 次，就成为一个字节。输入是在 11 脚（shift register clock input）移位寄存器时钟引脚上升沿发生的。单片机的工作离不开晶振，使 CPU 的工作步调稳定有序，如同跑步时喊 1、2、1 口号的人。那么这里的移位寄存器时钟也是同样的道理。当一个新的位数据要进来时，已经进入的位数据就在移位寄存器时钟脉冲的控制下，整体后移、让出位置。

数据从移位寄存器转移到存储寄存器，也是需要时钟脉冲驱动的，这就是 12 脚（storage register clock input）存储寄存器时钟的作用，它也是上升沿有效。将移位寄存器的数据转移到存储寄存器后，由于存储寄存器是直接和 8 个输出引脚相通的，Q0—Q7 就可以输出开始输入的一个字节的数据。所谓存储寄存器，就是数据可以存在这个寄存器中，并不会随着一次输出就消失，只要 595 不断电，也没有新的数据从移位寄存器中过来，数据就一直不变且有效。新的数据过来后，存储寄存器中的数据就会被覆盖更新。

电路图及程序可以参考 5.7 贪吃蛇游戏。

? 是否可以采用 2 片 74HC573 控制 8*8LED 点阵?

3.1.7　键盘编码器芯片 74C922

在 Arduino UNO 中接口数量有限，矩阵键盘需要接 8 个 I/O 口，因此，需要想办法减少其所占有的端口数量。键盘编码器芯片 74C922 是专门为矩阵键盘设计的解码芯片，将 4 行 4 列的 16 个按键的状态转化为 4 为二进制数表示。二进制的 0000—1111 可以表示十进制的 0—15，所以一个按键可以对应一个二进制的数，芯片引脚及接线如图 3-15 所示，引脚定义见表 3-7。

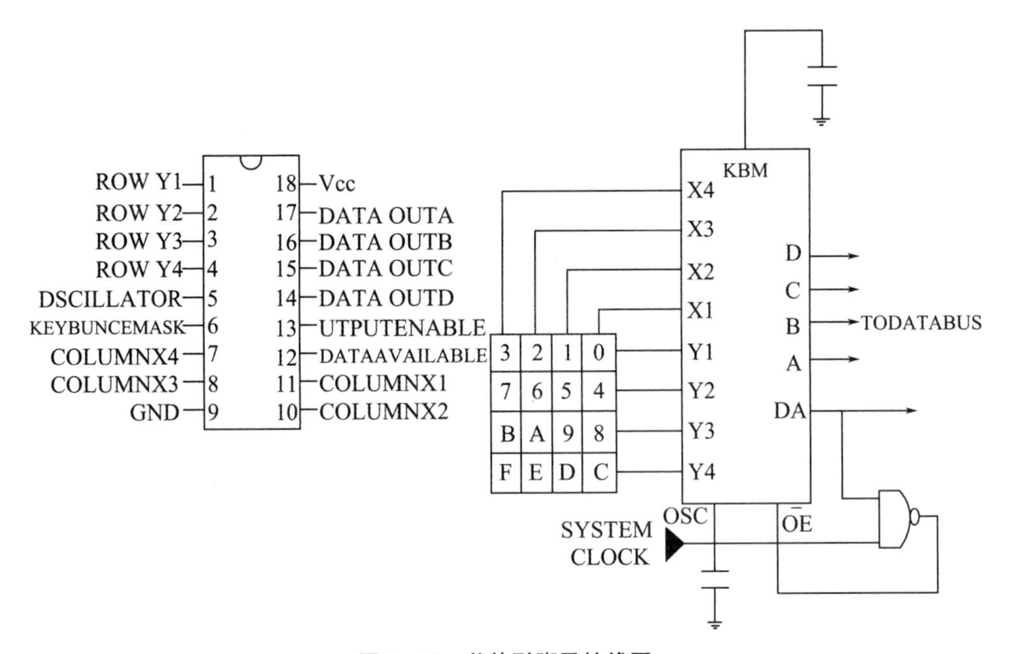

图 3-15　芯片引脚及接线图

表 3-7　引脚定义

符号	引脚	描述
Y1—Y4	1—4	键盘行输入端
X1—X4	11、10、8、7	键盘列输入端
OSC	5	振荡器的外接引线，可用外部的输入脉冲或电容器
DA—DD	17—14	数据输出端，可以与微机直接连接
KBM	6	键颤屏蔽端
OE	13	数据输出允许端，低电平有效
DAV	12	数据输出有效，高电平有效
Vcc/GND	18/9	电源端，接 3-5 V；接地端

初始状态 DA-DD 为低电平，当有按键按下时，状态发生变化，其状态被锁存并保持不变，直至其他按键被按下，输出值更新。具体数据输出如表 3-8 所列。

表 3-8　逻辑关系表

开关位置	数据输出				开关位置	数据输出			
	D	C	B	A		D	C	B	A
Y1X1	0	0	0	0	Y3X1	1	0	0	0
Y1X2	0	0	0	1	Y3X2	1	0	0	1
Y1X3	0	0	1	0	Y3X3	1	0	1	0
Y1X4	0	0	1	1	Y3X4	1	0	1	1
Y2X1	0	1	0	0	Y4X1	1	1	0	0
Y2X2	0	1	0	1	Y4X2	1	1	0	1
Y2X3	0	1	1	0	Y4X3	1	1	1	0
Y2X4	0	1	1	1	Y4X4	1	1	1	1

```
const int numData = 4;// 定义芯片数据位数
const char keymap[numRows][numCols]=
{
  // 键值，可以按需要更改
  { '1','2','3','A' },
  {'4','5','6','B' },
  {'7','8','9','C' },
  {'*','0','#','D' }
};
const int dataPins[numRows] = {0,1,2,3};// 设置硬件 D、C、B、A 对应的引脚
// 初始化功能
void setup()
{
Serial.begin(9600);
for(int num = 0; num < numData; num++)
  {
  pinMode(dataPins[num],INPUT);
  digitalWrite(colPins[column],HIGH);
  }
```

```
}
// 主循环
void loop()
{
// 添加其他的程序，循环运行
char key = getkey();
if(key !=0)
  {
  Serial.print("Got key ");// 串口打印键值
  Serial.println(key);
  }
}
// 读取键值程序
char getkey()
{
// 初始化变量
char key = 0;
int dataN=0;
int row=0;
int column=0;
for(int num = 0;num <numData; num++)
  {
  if(digitalRead(dataPins[num])// 如果是 1，先乘 2 再加 1
  dataN=dataN*2+1;
  else
  dataN=dataN*2;
  }
row=dataN/4;// 判断是哪一行
column=dataN%4;// 判断是哪一列
key = keymap[row][column];
return key;
}
```

3.2　蜂鸣器和喇叭

在小型玩具中，常用发声设备是蜂鸣器和扬声器（俗称“喇叭”），其外观类似，如图 3–16 所示。从声音上看，蜂鸣器只能发出单频率蜂鸣声，扬声器可以发出不同频率的声音。

（a）有源电磁式蜂鸣器

（b）无源电磁式蜂鸣器

图 3–16　蜂鸣器实物图

蜂鸣器是有源器件，喇叭是无源器件。这里有源是指内部具有振荡源，即接通电源有蜂鸣声。喇叭由线圈、磁铁、振膜及外壳组成，没有振荡源。声音信号经过功率放大器驱动喇叭发出不同频率的声音。通常，播放音乐的过程就是数字音频信号经过 DA、放大器，然后输出至喇叭、音响、耳机等设备上发声。信号和硬件的品质不同，听到的声音保真度也不同。这就是耳机价格从几元至几千元不等的原因。

从发声原理上分，蜂鸣器和喇叭有电磁式和压电式。

● 电磁式蜂鸣器

电磁式蜂鸣器由振荡器、电磁线圈、磁铁、振动膜片及外壳等组成。接通电源后，振荡器产生的音频信号电流通过电磁线圈，使电磁线圈产生磁场。振动膜片在电磁线圈和磁铁的相互作用下，周期性地振动发声。

● 压电式蜂鸣器

压电式蜂鸣器主要由多谐振荡器、压电蜂鸣片、阻抗匹配器及共鸣箱、外壳等组成。有的压电式蜂鸣器外壳上还装有发光二极管。多谐振荡器由晶体管或集成电路构成。当接通电源后（1.5 ~ 15 V 直流工作电压），多谐振荡器起振，输出 1.5 ~ 2.5 kHz 的音频信号，阻抗匹配器推动压电蜂鸣片发声。

3.2.1　蜂鸣器

由于蜂鸣器具有内部信号源，只需要接通电源即可发生，因此，在使用蜂鸣器时可以将其看作是一个普通外设（类似 LED 灯），可直接由 I/O 口驱动。

```
/* 蜂鸣器循环通电断电实现间歇鸣响。 */
// 蜂鸣器连接到 13 引脚
int led = 13;
// 复位后初始化内容
void setup() {
// 初始化数字端口为输出模式
pinMode(led, OUTPUT);
}
// 主循环
void loop() {
digitalWrite(led, HIGH);        // 蜂鸣器引脚置高电平
delay(300);                     // 延时 300ms
digitalWrite(led, LOW);         // 蜂鸣器引脚变为低电平
delay(100);                     // 延时 100ms
}
```

3.2.2 喇叭

在驱动喇叭之前，先了解一下内部的函数：tone() 和 noTone()

tone() 函数是发声的函数，在指定的引脚产生指定频率占空比 50% 的方波；noTone() 函数作用是停止产生方波。其实内部由定时器控制，不用去了解内部结构，直接写入所需参数即可实现方波，连接无源蜂鸣器或者喇叭就可以发出对应频率的声音，按乐谱节拍规律改变发声的频率和时间就可以实现播放音乐。tone() 有以下 2 种形式的参数：

tone(pin, frequency)，指定对应引脚，指定频率。此函数直到调用 noTone() 才会停止。

tone(pin, frequency, duration)，指定引脚，指定频率，指定持续时间。到指定时间后自动停止。

本节通过电位器调节喇叭的发生频率，采用模拟量输入采集电位器的分压，然后将模拟量值作为参数输入发声函数，原理图和接线图如图 3-17 和图 3-18 所示。

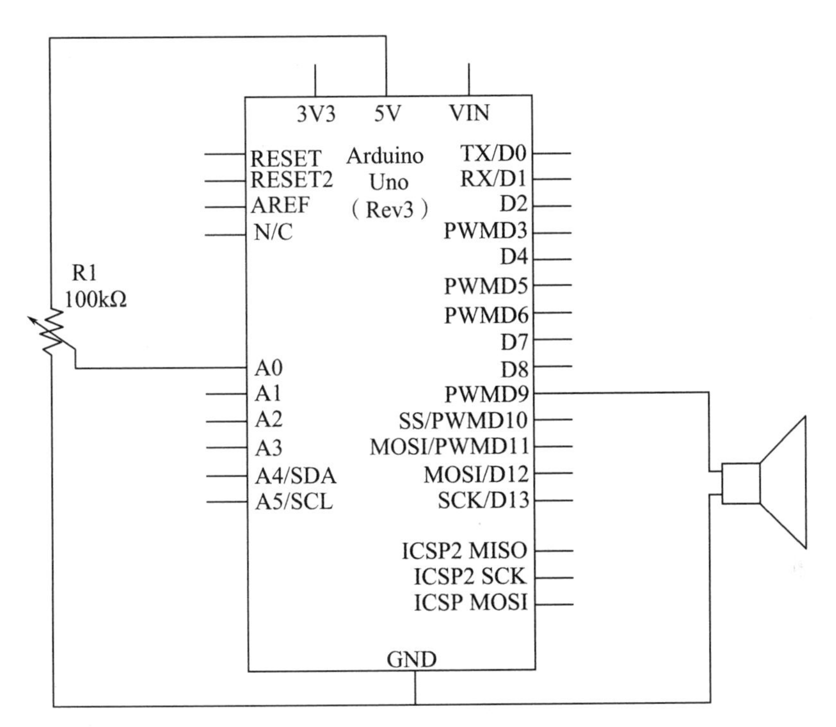

图 3-17　喇叭接线原理图

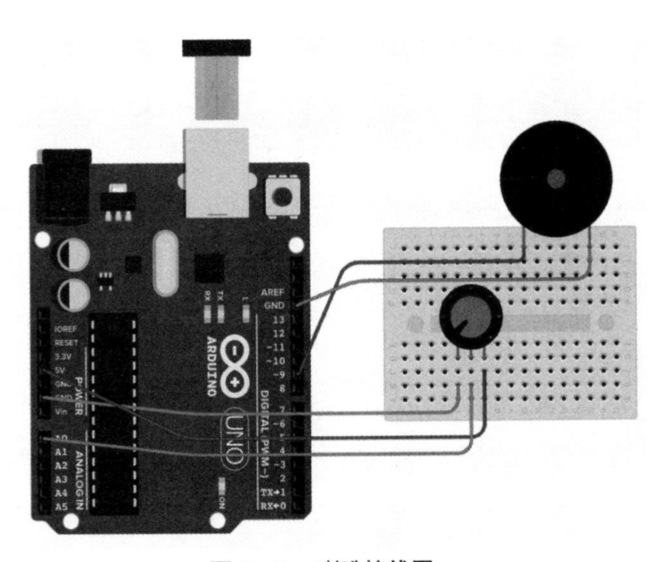

图 3-18　喇叭接线图

```
/* 通过检测旋转电阻的值用于改变输出音调。*/
void setup()
{
// 初始化串口参数，这里仅仅作为调试使用
```

```
Serial.begin(9600);
}
void loop()
{
// 从传感器读入模拟量数据
int sensorReading = analogRead(A0);
// 打印这个数据到串口以便能知道数据的具体数值
Serial.println(sensorReading);
// 把读入的模拟量 (0 ~ 1023 )
// 换算出频率范围 (120 ~ 1500Hz)
// 根据实际传感器的参数改变下面的最大值和最小值
int thisPitch = map(sensorReading, 0, 1023, 120, 1500);
// 播放对应频率的声音
tone(9, thisPitch, 10);
delay(1);
// 延时，等待数据稳定后读取
}
```

程序解读：读取电位器滑动端的电压值，得到 0 ~ 1023 之间数值，把这个数值显示到串口设备，然后进行数据变换，变换到范围 120 ~ 1500 之间，变换后的数值通过 tone() 函数输出，得到频率变化的方波，方波直接驱动喇叭发声，试着找出以下音阶。

```
//#define NOTE_C4do  262   #define NOTE_D4re  294  #define NOTE_E4mi  330
//#define NOTE_F4fa  349   #define NOTE_G4so  392   #define NOTE_A4la  440
//#define NOTE_B4si  494
```

再看一个单纯播放音乐的程序，图 3-19 和图 3-20 是对应的电路图和实物连接图。

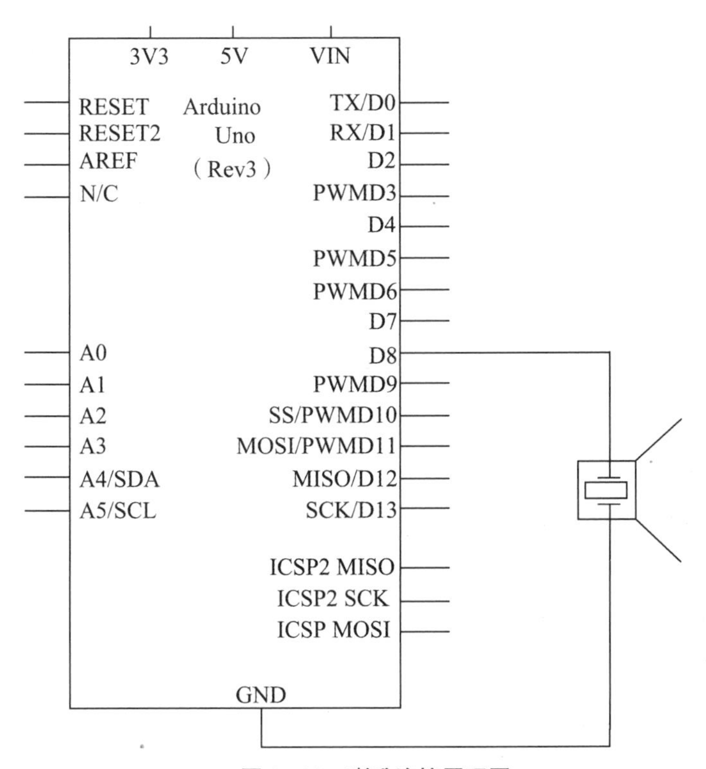

图 3-19　喇叭连接原理图

图 3-20　喇叭连接接线图

```
#include "pitches.h"
// 乐曲中的音符
int melody[] = {NOTE_C4, NOTE_G3,NOTE_G3, NOTE_A3, NOTE_G3,0, NOTE_B3, NOTE_C4};
// 音符持续时间 : 4 = 四分音符 , 8 = 八分音符 等等 :
int noteDurations[] = {4, 8, 8, 4,4,4,4,4 };
void setup()
 {
// 顺序加载乐曲中的音符
for (int thisNote = 0; thisNote < 8; thisNote++)
{
// 用 1S 为基准计算音符持续时间
// 比如四分音符 = 1000 / 4, 八分音符 =1000/8, 等等
int noteDuration = 1000/noteDurations[thisNote];
tone(8, melody[thisNote],noteDuration);
// 设置一个最小的时间间隔来区分音符
// 一般正常音符的 1.3 倍效果较好
int pauseBetweenNotes = noteDuration * 1.30;
delay(pauseBetweenNotes);
// 停止播放音乐
noTone(8);
}
}
void loop()
{
// no need to repeat the melody.
}
```

程序解读：有 2 个改变的数据：① 音符（发声频率）；② 节拍（该频率持续时间）。整个程序都是通过查表的方式查找每个音符的频率和持续的时间，然后通过音调函数输出到喇叭。Pitches.h 声明了所有音高的频率，如：#define NOTE_C4 262 // 为中音 dao。

3.3　继电器

继电器是一种控制器件，它具有控制系统（又称输入回路）和被控制系统（又称输出回路），通常应用于自动控制电路中，根据输入信号的性质可以分为电压继电器、电流继电器、速度继电器、液位继电器和固态继电器（本质是电压继电器，内部靠功率晶体管导通，无电磁线圈）。它实际上是用较小的电流（或信号）去控制较大电流的一种“自动开关”。故在电路中起着自动调节、安全保护、转换电路等作用。

电磁式继电器一般由铁芯、线圈、衔铁、触点簧片等组成。当线圈两端加上一定的电压时，线圈中就会流过一定的电流，从而产生电磁效应，衔铁就会在电磁力吸引的作用下克服弹簧的拉力吸向铁芯，从而带动衔铁的动触点与静触点（常开触点）吸合。当线圈断电后，电磁的吸力也随之消失，衔铁就会在弹簧的反作用力下返回原来的位置，使动触点与原来的静触点（常闭触点）释放。这样吸合、释放，从而达到了在电路中的导通、切断的目的。对于继电器的“常开、常闭”触点，可以这样来区分：继电器线圈未通电时处于断开状态的静触点，称为“常开触点”；处于接通状态的静触点称为“常闭触点”。其内部结构图如图 3-21 所示。

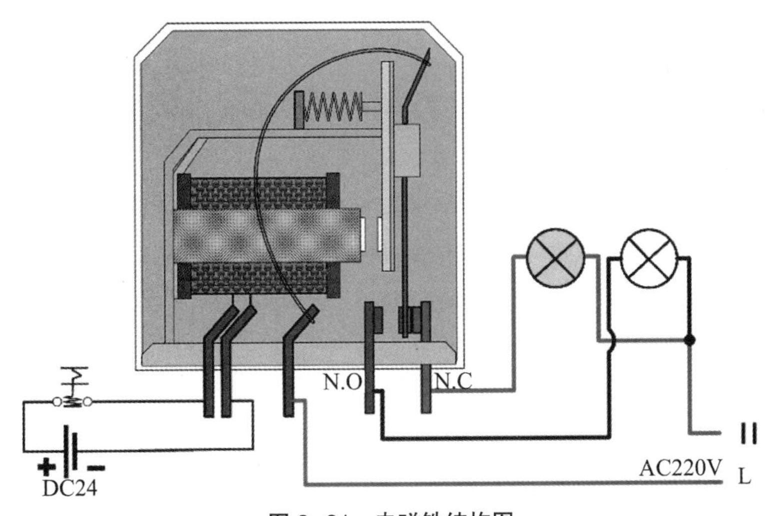

图 3-21　电磁铁结构图

继电器模块是集成了控制信号、驱动和电磁机构的独立模块。其输入信号端有 Vcc（3）供电、GND（2）和控制信号输入 IN（1）。输出端有公共端（3）、常闭端（2）和常开端（1），其常开端和 COM 处于断开状态，IN 信号有效时，常开端和 COM 端闭合连通，类似于闸刀合闸。常闭端和 COM 端处于闭合状态，IN 信号有效时，常闭端和 COM 端断开，类似于闭合闸刀断开。通常，常开端 -COM 端常被用于控制电动机启停等功能。由于是闸刀性质的机械触点，所以负载可以接直流负载也可以接交流负载。原理图如图 3-22 所示。

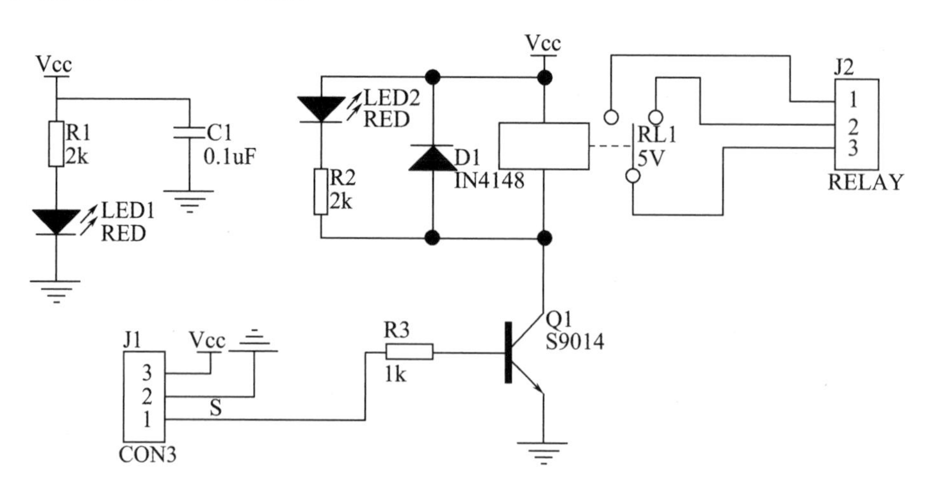

图 3-22　继电器接线原理图

继电器可以用来控制直流电动机或交流电灯。当控制直流负载时，电源负极连接 COM 端，电源正极连接负载一端，负载另一端连接常开端，即 COM-NO 内部相当于一个闸刀，闸刀闭合时电路组成一个回路。

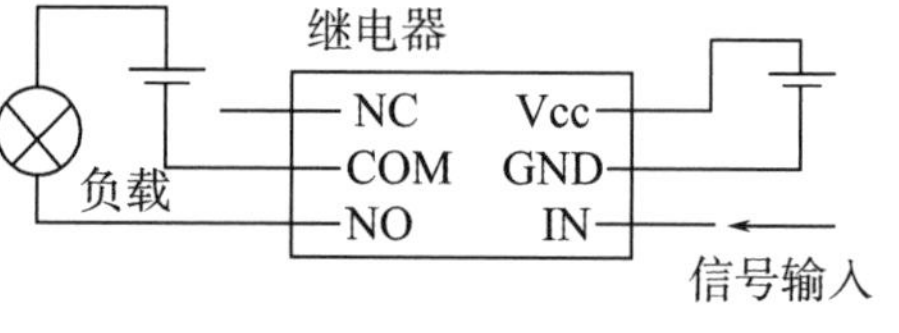

图 3-23　继电器接线图

当控制交流负载时，地线接 COM 端，火线接交流负载（电灯）一端，负载另一端接 NO，如图 3-23 所示。

对于直流有刷电动机，接入电源反向电动机转向换向。因此，用继电器驱动电动机正反转时，需要切换接入电动机的电源极性。用两个继电器 RLY1 和 RLY2 的 COM 端分别连接电动机的两端，NC 端连接电源地，NO 端连接 +5 V，如图 3-24 所示（不建议 NC 端接 +5 V，这样默认情况电机两端具有电势）。

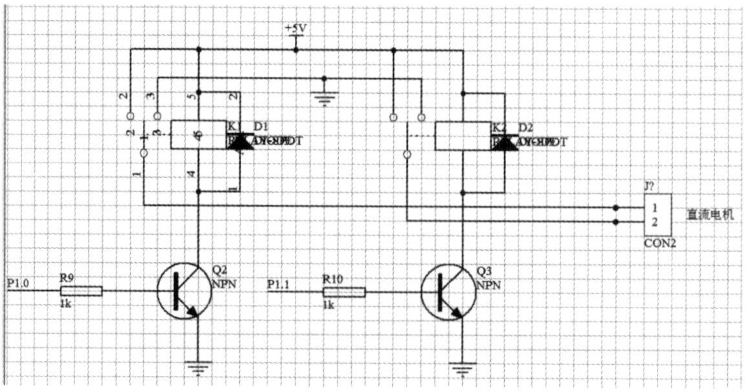

图 3-24　双继电器控制电机正反转原理图

其动作逻辑如表 3–9 所列。

表 3–9　继电器逻辑表

RLY1	RLY2	COM1	COM2
HIGH	HIGH	+	+
HIGH	LOW	+	-
LOW	HIGH	-	+
LOW	LOW	-	-

程序：

```
int signal1=8;
int signal2=10;
void setup()
{
 // put your setup code here, to run once:
 pinMode(signal1,OUTPUT);
 pinMode(signal2,OUTPUT);
 digitalWrite(signal1,HIGH);
 digitalWrite(signal2,LOW);
 delay(5000);
 digitalWrite(signal1,LOW);// 正转 5s 之后关断，电动机线圈消耗掉断电后的惯性电动势，然后再反向转。
 digitalWrite(signal2,LOW);
 delay(1000);
 digitalWrite(signal1,LOW);
 digitalWrite(signal2,HIGH);
}
void loop()
{
 // put your main code here, to run repeatedly:
}
```

3.4 直流电动机

在这之前应该简单的了解直流电机的概念，从字面意思理解直流电机全称是直流电动机。其中包含 2 个关键信息：① 直流；② 电动机。直流电动机是将直流电能转换为机械能的电动机。因其良好的调速性能而在电力拖动中得到广泛应用，内部结构如图 3–25 所示。

基本构造：

分为两部分：定子与转子。注意：不要把换向极与换向器弄混淆了。

定子包括：主磁极，机座，换向极，电刷装置等。

转子包括：电枢铁芯，电枢绕组，换向器，轴和风扇等。

转子组成：

直流电动机转子部分由电枢铁芯、电枢、换向器等装置组成，如图 3–25 所示。下面对构造中的各部件进行详细介绍。

（1）电枢铁芯部分：其作用是嵌放电枢绕组和颠末磁通，为了降低电机工作时电枢铁芯中产生的涡流损耗和磁滞损耗。

（2）电枢部分：作用是产生电磁转矩和感应电动势，而进行能量变换。电枢绕组有许多线圈或玻璃丝包扁钢铜线或强度漆包线。

（3）换向器又称整流子：在直流电动机中，它的作用是将电刷上的直流电源电流变换成电枢绕组内的沟通电流，使电磁转矩的倾向稳定不变，在直流发电机中，它将电枢绕组沟通电动势变换为电刷端上输出的直流电动势。

换向器由许多片构成的圆柱体之间用云母绝缘，电枢绕组每一个线圈两端区分接在两个换向片上。直流发电机中换向器的作用是把电枢绕组中的交变电动热变换为电刷间的直流电动势，负载中就有电流通过，直流发电机向负载输出电功率，同时电枢线圈中也肯定有电流通过。

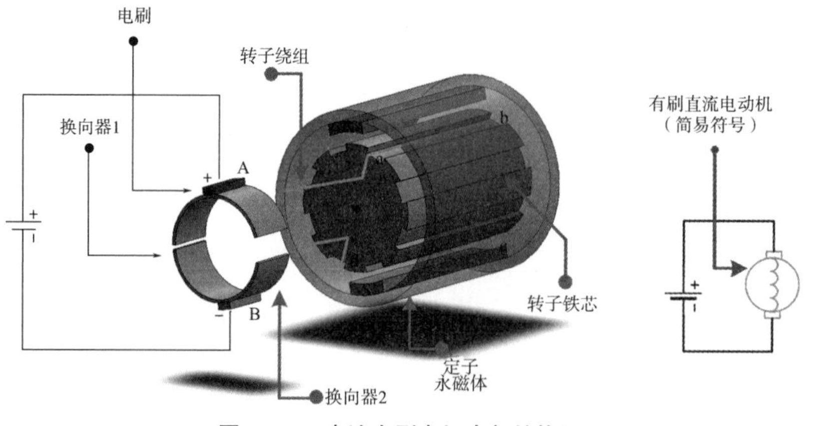

图 3–25 直流有刷电机内部结构图

直流电动机的控制包括启停、换向和调速。启停功能实际就是开关功能，可以采用前面讲的继电器进行启停控制，此节不再赘述。直流电机的正反转控制，需要专用的驱动芯片配合控制，比如 L9110、L298 等。直流电动机调速就是调节两端的电压。之前学过 PWM，这里也使用通用的方法控制速度，实际是控制有效电压。本章节使用 ULN2003 驱动电机，这种芯片内部是达林顿管，宽范围电源供电、大电流输出、适应性较广，内部集成包含二极管。

3.4.1　单直流电动机调速换向控制 L9110

马达控制驱动芯片 L9110 是为控制和驱动电机设计的两通道推挽式功率放大专用集成电路器件，将分立电路集成在单片 IC 之中，使外围器件成本降低，整机可靠性提高。该芯片有两个 TTL/CMOS 兼容电平的输入，具有良好的抗干扰性；两个输出端能直接驱动电机的正反向运动，它具有较大的电流驱动能力，每通道能通过 750 ~ 800 mA 的持续电流，峰值电流能力可达 1.5 ~ 2.0 A；同时它具有较低的输出饱和压降，内置的钳位二极管能释放感性负载的反向冲击电流，使它在驱动继电器、直流电机、步进电机或开关功率管的使用上安全可靠。L9110 广泛应用于玩具汽车电机驱动、步进电机驱动和开关功率管等电路上。

低静态工作电流；

宽电源电压范围：2.5 V ~ 12 V；

每通道具有 800 mA 连续电流输出能力；

较低的饱和压降；

TTL/CMOS 输出电平兼容，可直接连 CPU；

输出内置钳位二极管，适用于感性负载；

控制和驱动集成于单片 IC 之中；

具备管脚高压保护功能；

工作温度：0℃ ~ 80℃。

马达控制驱动芯片 L9110 引脚图及 L9110 引脚定义如图 3-26 所示。

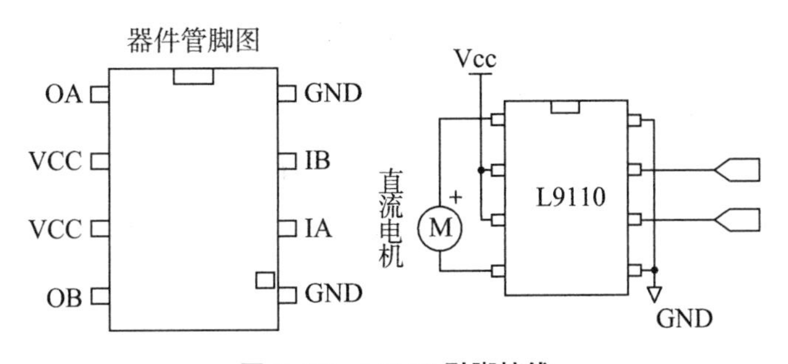

图 3-26　L9110 引脚接线

L9110 的管脚定义和引脚逻辑关系，如表 3-10 和表 3-11 所列。

表 3-10　引脚定义

序号	符号	功能	序号	符号	功能
1	OA	A 路输出管脚	5	GND	地线
2	Vcc	电源电压	6	IA	A 路输入管脚
3	Vcc	电源电压	7	IB	B 路输入管脚
4	OB	B 路输出管脚	8	GND	地线

表 3-11　逻辑关系表

IA	IB	OA	OB
H	L	H	L
L	H	L	H
L	L	L	L
H	H	L	L

正反转信号只需要单独置高电平即可实现单向转动，当两个都置高电平或低电平时均不输出。

3.4.2　双直流电动机调速换向控制 L298N

L298N 是专用驱动集成电路，属于 H 桥集成电路，与 L293D 的差别是其输出电流增大、功率增强。其输出电流为 2 A，最高电流 4 A，最高工作电压 50 V，可以驱动感性负载，如大功率直流电机、步进电机、电磁阀等，特别是其输入端可以与单片机直接相联，从而很方便地受单片机控制。当驱动直流电机时，可以直接控制步进电机，并可以实现电机正转与反转，实现此功能只需改变输入端的逻辑电平。

L298N 芯片可以驱动两个二相电机，也可以驱动一个四相电机，输出电压最高可达 50 V，可以直接通过电源来调节输出电压；可以直接用单片机的 I/O 口提供信号；而且电路简单，使用比较方便。

L298N 可接受标准 TTL 逻辑电平信号 VSS，VSS 可接 4.5 V ~ 7 V 电压。4 脚 VS 接电源电压，VS 电压范围 VIH 为+ 2.5 V ~ 46 V。输出电流可达 2 A，可驱动电感性负载。1 脚和 15 脚下管的发射极分别单独引出以便接入电流采样电阻，形成电流传感信号。L298 可驱动 2 个电动机，OUT1、OUT2 和 OUT3、OUT4 之间可分别接电动机，本实验装置我们选用驱动一台电动机。5、7、10、12 脚接输入控制电平，控制电机的正反转。EnA、EnB 接控制使能端，控制电机的停转。L298N 内部原理图如图 3-27 所示。

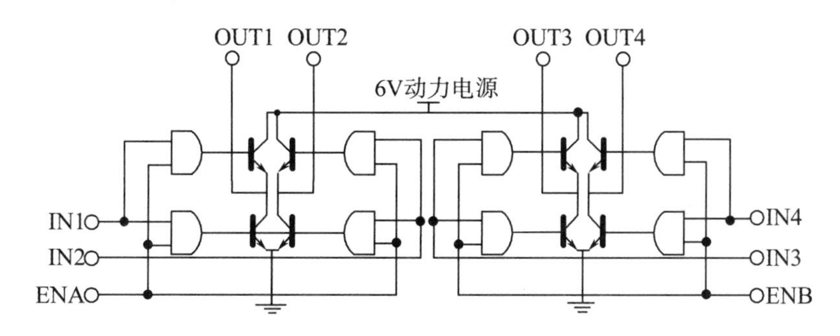

图 3-27　L298N 内部原理图

In3、In4 的逻辑图与表 3-12 相同。由表可知 EnA 为低电平时，输入电平对电机控制起作用，当 EnA 为高电平，输入电平为一高一低，电机正或反转。同为低电平电机停止，同为高电平电机刹停。

表 3-12　L298N 的逻辑功能标

IN1	IN2	ENA	电机状态
X	X	0	停止
1	0	1	顺时针
0	1	1	逆时针
0	0	0	停止
1	1	0	停止

L298N 驱动板是常用的双电机驱动板，可以实现两电机正反向控制，如图 3-28 所示。

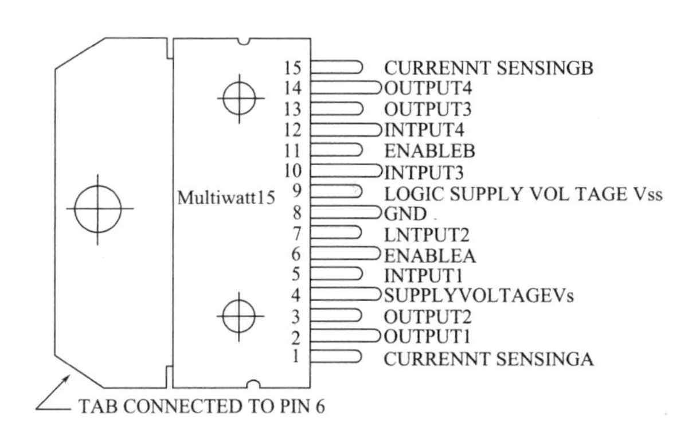

图 3-28　L298N 驱动板

模块说明：

IN1-IN4 逻辑输入：其中 IN1、IN2 控制电机 M1；IN3、IN4 控制电机 M2。例如 IN1 输入高电平 1，IN2 输入低电平 0，对应电机 M1 正转；IN1 输入低电平 0，IN2 输入高电平 1，对应电机 M1 反转，调速就是改变高电平的占空比（PWM）。

白色芯片：为 TLP521-4 光隔，作用是光电隔离，保护因电机启动停止瞬间产生的尖峰脉冲对主控制器的影响。

RN1、RN2：上下拉电阻，不用多说；其中 470 为 470 欧电阻，5.6k 为 5600 欧电阻。

PWMA、PWMB：L298N 使能端（高电平有效，常态下用跳线帽接于 Vcc），可通过这两个端口实现 PWM 调速（使用 PWM 调速时取下跳线帽），具体参考 L298N 芯片手册。

VIN：电机供电电源接口，如果电机采用 9 V 供电，那么电源正极接 VIN，负极接 GND 即可。

Vcc：L298N 芯片供电 5 V，此模块需要外接（最好取逻辑部分的电压供电）。

D1-D8：续流二极管 IN4007。

M1：电机 1 接口，没有正负之分，如果发现电机转向不对将电机两线调换即可。

M2：同 M1。

注意：

L298N 供电的 5 V 如果是用另外电源供电（即不是和单片机的电源共用），那么需要将单片机的 GND 和模块上的 GND 连接在一起，只有这样单片机上过来的逻辑信号才有参考 0 点。

L298N 电机驱动模块性能特点如下：

（1）可实现电机正反转及调速。

（2）启动性能好，启动转矩大。

（3）工作电压可达到 36 V，4 A。

（4）可同时驱动两台直流电机。

（5）适合应用于机器人设计及智能小车的设计。

情况一：用 L298N 驱动两台直流减速电机的电路。引脚 A、B 可用于 PWM 控制。如果机器人项目只要求直行前进，则可将 IN1、IN2 和 IN3、IN4 两对引脚分别接高电平和低电平，仅用单片机的两个端口给出 PWM 信号控制使能端 A、B 即可实现直行、转弯、加减速等动作。

情况二：用 L298 实现二相步进电机控制。将 IN1、IN2 和 IN3、IN4 两对引脚分别接入单片机的某个端口，输出连续的脉冲信号。信号频率决定了电机的转速。改变绕组脉冲信号的顺序即可实现正反转，原理如图 3–29 所示。

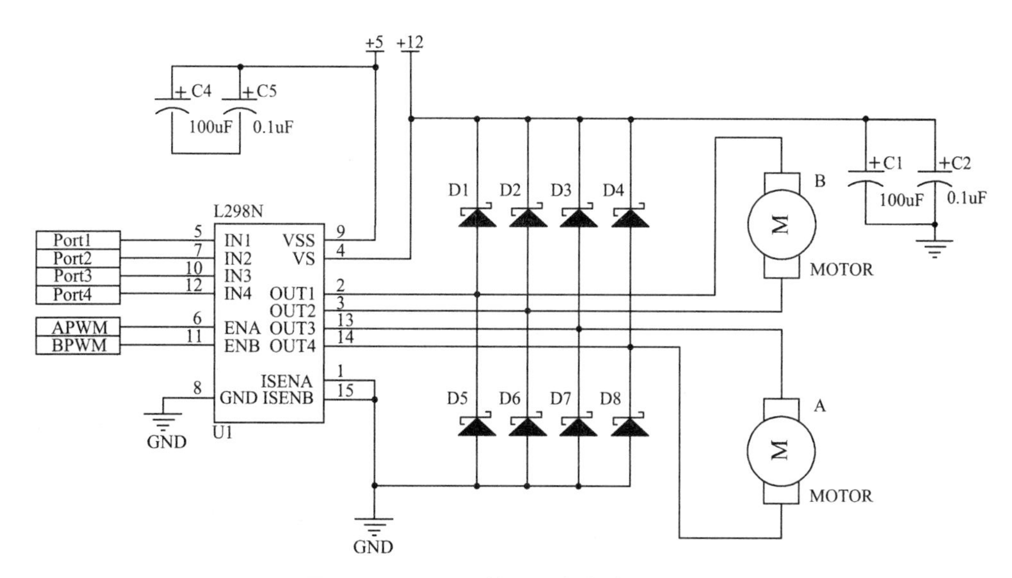

图 3-29　L298N 控制两个电动机原理图

3.4.3　双电机调速换向控制 TB6612FNG

TB6612FNG 是东芝半导体公司生产的一款直流电动机驱动器，它具有大电流 MOSFET-H 桥结构，双通道电路输出，单通道最大连续驱动电流可达 1.2 A，峰值 2 A/3.2 A（连续脉冲 / 单脉冲），可驱动一些微型直流电机。4 种电机控制模式：正转 / 反转 / 制动 / 停止；PWM 支持频率高达 100 kHz。L298N 逻辑表如表 3-13 所列。

端子：1VM 接 12 V 以内电源，2Vcc 接 5 V，3 接 GND，4 和 5 接电动机 1，6 和 7 接电动机 2，8 和 9 接 GND，10 接电机 2 的 PWM，11 和 12 接电机 2 的正反控制线，13 接 Vcc 5 V，14 和 15 接电机 1 的正反控制线，16 接电机 1 的 PWM。

表 3-13　L298N 逻辑表

AIN1	AIN2	BIN1	BIN2	PWMA	PWMB	AO1/AO2
1	0	1	0	1	1	正转
0	1	0	1	1	1	反转
1	1	1	1	1	1	刹车
0	0	0	0	1	1	自由停车
X	X	X	X	0	0	刹车

PWMA/PWMB 可以直接接于 Vcc，然后通过 AIN1/AIN2、BIN1/BIN2 控制两个电机的正反。PWMA/PWMB 可以接于 PWM 发生口，控制电机调速，如图 3-30 所示。

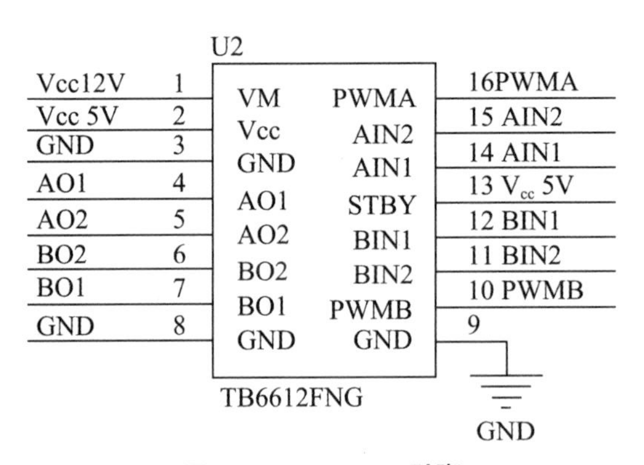

图 3-30 TB6612 引脚

双路 H 桥调速控制芯片也可以用 MX1508RX 芯片，如图 3-31 所示。

引脚排列

左侧引脚	名称	名称	右侧引脚
1	$V_{cc}1$	$V_{cc}1$	16
2	INA1	PGND1	15
3	INB1	AGND1	14
4	$V_{DD}1$	OUTB1	13
5	$V_{cc}2$	OUTA2	12
6	INA2	PGND2	11
7	INB2	AGND2	10
8	$V_{DD}2$	OUTB2	9

引脚定义

引脚编号	引脚名称	输入 / 输出	引脚功能描述
1	$V_{CC}1$	-	1. 通道逻辑控制电源端
2	INA1	I	1. 通道正转逻辑输入
3	INB1	I	1. 通道反转逻辑输入
4	$V_{DD}1$	-	1. 通道功率电源端
5	$V_{CC}2$	-	2. 通道逻辑控制电源端
6	INA2	I	2. 通道正转逻辑输入
7	INB2	I	2. 通道逻辑输入
8	$V_{DD}2$	-	2. 通道功率电源端
9	OUTB2	0	2. 通道反转输出
10	AGND2	-	2. 通道逻辑控制电路接地端
11	PGND2	-	2. 通道输出功率管接地端
12	OUTA2	0	2. 通道正转输出
13	OUTB1	0	1. 通道反转输出
14	AGND1	-	1. 通道逻辑控制电路接地端
15	PGND1	...	1. 通海输出功率管接地端
16	OUTA1	0	1. 通道正转输出

图 3-31 MX1508RX 引脚

表 3-14　逻辑真值表

INAx	INBx	OUTAx	OUTBx	功能
L	L	Z	Z	待机
H	L	H	L	正转
L	H	L	H	反转
H	H	L	L	刹车

注: x 代表 1 或 2。

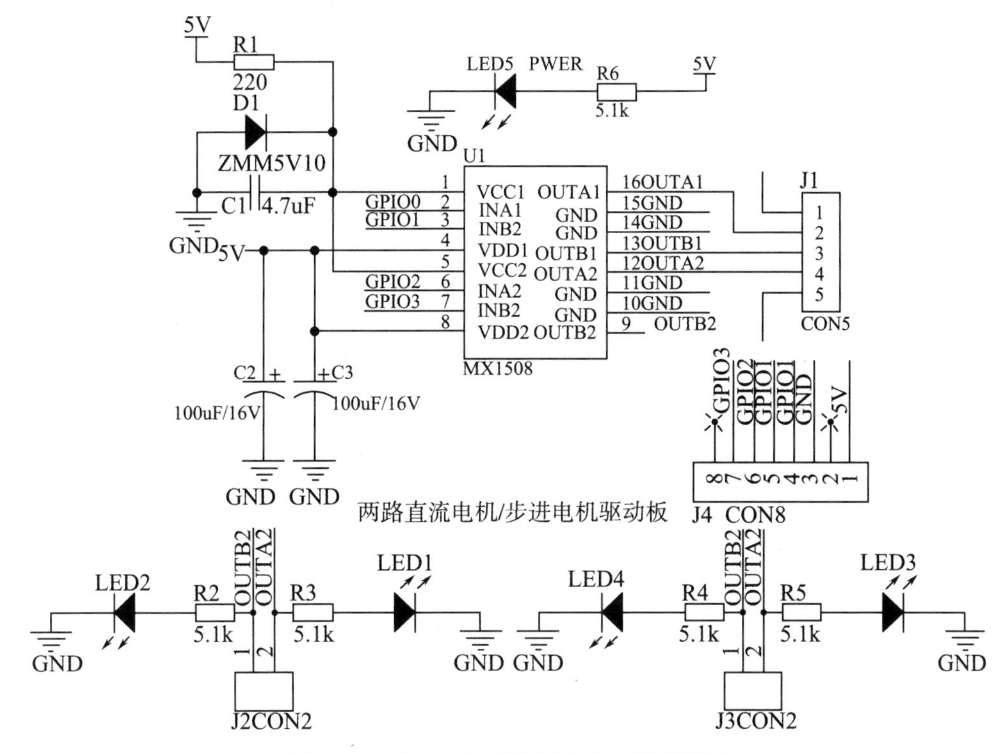

图 3-32　MX1508 连接两个电动机原理图

3.4.4　多个直流电动机调速控制 ULN2003

ULN2003 是大电流驱动阵列，多用于单片机、智能仪表、PLC、数字量输出卡等控制电路中。可直接驱动继电器等负载。

输入 5VTTL 电平，输出可达 500 mA/50 V。

ULN2003 是高耐压、大电流达林顿系列，由 7 个硅 NPN 达林顿管组成。即控制信号接在基极，高电平有效。集电极接电源，发射极接地。

该电路的特点如下：ULN2003 的每一对达林顿都串联一个 2.7k 的基极电阻，在 5 V 的工作电压下它能与 TTL 和 CMOS 电路直接相连，可以直接处理原先需要标准逻辑缓冲器来处理的数据。具有电流增益高、工作电压高、温度范围宽、带负载能力强等特点，适应于各类要求高速大功率驱动的系统，其引脚及原理图如图 3-33 所示。

引脚 1—7：CPU 脉冲输入端，端口对应一个信号输出端。

引脚 8：接地。

引脚 9：该脚是内部 7 个续流二极管负极的公共端，各二极管的正极分别接各达林顿管的集电极。用于感性负载时，该脚接负载电源正极，实现续流作用。如果该脚接地，实际上就是达林顿管的集电极对地接通。

引脚 10-16：脉冲信号输出端，分别对应 7—1 脚信号输入端。

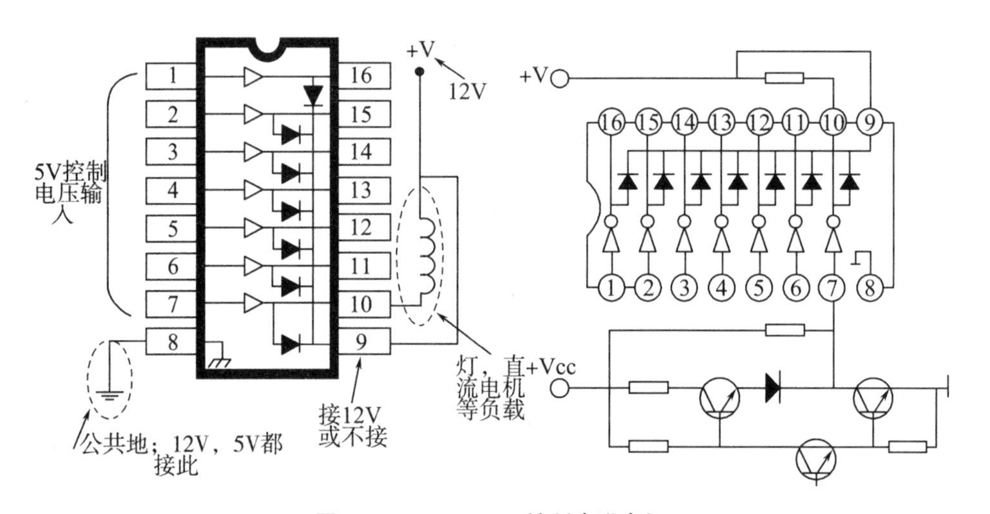

图 3-33　ULN2003 控制步进电机

采用 ULN2003 控制负载，即可以采用开关控制，也可以采用 PWM 控制。采用 PWM 控制直流有刷电动机接线图如图 3-34 所示。

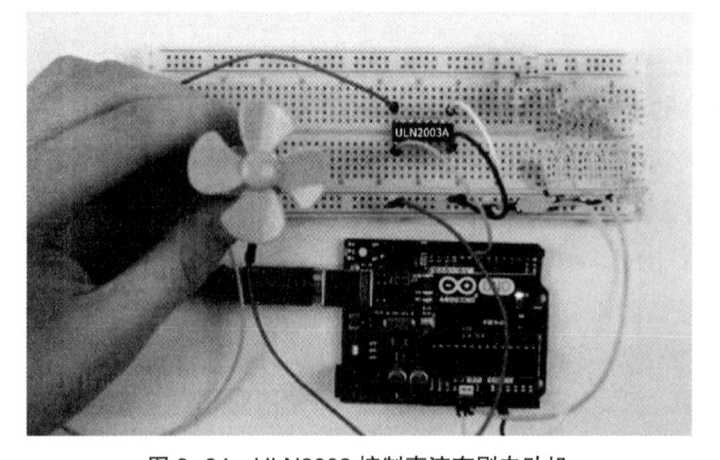

图 3-34　ULN2003 控制直流有刷电动机

```
int pin1=8;
int speedmotor=10;
void setup()
{ // put your setup code here, to run once:
   pinMode(pin1,OUTPUT);
}
void loop()
{ // put your main code here, to run repeatedly:
   digitalWrite(pin1,HIGH);
   delay(500);
   digitalWrite(pin1,LOW);
   for(int a=0; a<20;a++)
   {
   analogWrite(pin1,speedmotor);
   delay(500);
   speedmotor=speedmotor+10;
   }
}
```

3.5　步进电机

步进电机是将电脉冲信号转变为角位移或线位移的开环控制元步进电机件。在非超载的情况下，电机的转速、停止的位置只取决于脉冲信号的频率和脉冲数，而不受负载变化的影响，当步进驱动器接收到一个脉冲信号，信号驱动步进电机按设定的方向转动一个固定的角度，称为“步距角”，它的旋转是以固定的角度分步运行。可以通过控制脉冲个数来控制角位移量，从而达到准确定位的目的；同时可以通过控制脉冲频率来控制电机转动的速度和加速度，从而达到调速的目的。

3.5.1　步进电机参数

步进电机通常有以下参数：

步距角：控制系统每发送一个脉冲信号，电机所转动的角度。或者说，每输入一个脉冲电信号转子转过的角度称为步距角。

失步：步进电动机运动步数和输入电脉冲数不对应的现象。常出现在起动过程，严重时，转子停留在一个位置上或绕这个位置振动。改善失步的主要措施是减小转动惯量、选用适当的阻尼、合理选择齿宽、增加电源运行拍数和改善驱动电源等。

最大静转矩：步进电动机转子静止时，控制绕组通直流电，由失调角存在而引起的最大转矩。它与控制绕组中电流的平方近似成正比。增加最大静转矩可以提高电机的启动频率和运行频率。

运行频率：步进电动机启动后，控制脉冲频率连续上升时不失步运行的最高频率。影响运行频率的因素与启动频率基本相同，但转动惯量的影响不明显。

相数：目前常用的有二相、三相、四相、五相步进电机。步进电机的磁极数量规格和接线规格很多，因此从接线上无法判断步进电机的相数。

步进电机外部的接线和相数没有必然的联系。是根据实际运用的需要来决定的。以四相步进电机为例进行讨论。所谓四相，即电机内部有 4 对磁极。四相电机可以向外引出六条接线，ABCD 是四相的接头，两条 COM 共同接入 Vcc。也可以引出五条线，即一个公共端（COM）和 ABCD,COM 接电源 Vcc，所以有称为六线四相制和五线四相制，如图 3-35 所示。当 ABCD 四相依次接通低电平时，步进电机开始一步一步转动。

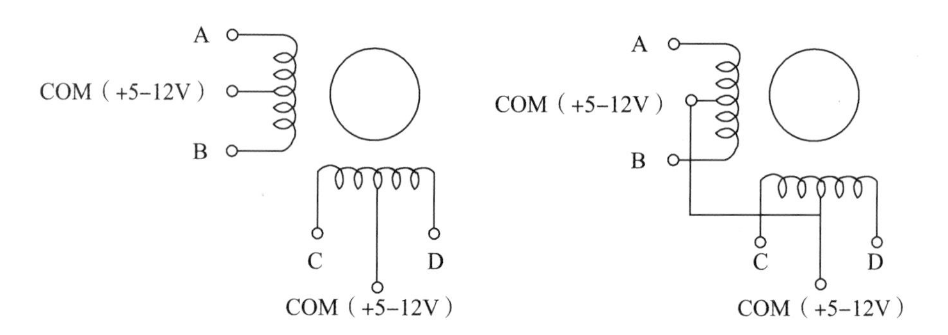

图 3-35　四相步进电机接线定义

比如说 8 根引出线的二 / 四相电机，可以根据使用要求并接成 4 根线的二相电机，也可以并接成 5 根线或 6 根线的四相电机。有六个引出线既可能是 3 相电机，也可能是 2/4 相电机，还可能是 5 相电机。万用表放到 X1 档量一下，① 能分成三个独立的绕组的是 3 相电机；② 如果三个头相通，而同另外三个头不通，则是 2/4 相步进电机；③ 如果是 5 相步进电机，则 5 根线对应 5 相，另一根是公共端。

不同相数电机引出线大致罗列如下：

（1）二相电机：引出线可以是 4 根或 8 根。

（2）四相电机：引出线可以是 5 根、6 根或 8 根。

（3）三相电机：引出线可以是 3 根或 6 根。

（4）五相电机：引出线可以是 5 根、6 根或 10 根。

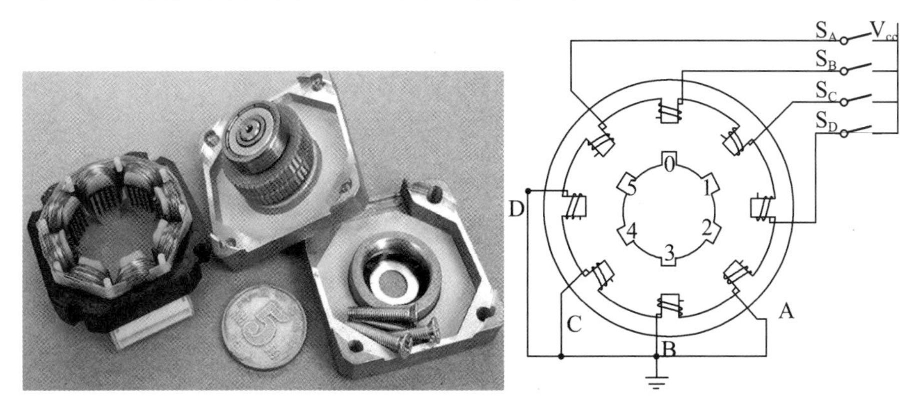

图 3–36　步进电机内部结构和原理简图

3.5.2　步进电机驱动方式：

（1）单相励磁法：每一瞬间只有一个线圈导通，其他线圈休息。其励磁方法简单，耗电低，精确度良好。但是力矩小、震动大，每次励磁信号所走的角度是步距角（标称角度）。表 3–15 展示了两个周期的接通相序。

表 3–15　单相励磁法

导线颜色	1	2	3	4	5	6	7	8
红	+	+	+	+	+	+	+	+
A 橙	-				-			
B 黄		-				-		
C 粉			-				-	
D 蓝				-				-

（2）双相励磁法：每一瞬间有两个线圈同时导通，特点是力矩大、震动较小，每次励磁转动角度是步距角。表 3–16 展示了两个周期的接通相序。

表 3–16　双相励磁法

导线颜色	1	2	3	4	5	6	7	8
红	+	+	+	+	+	+	+	+
A 橙	-			-	-			-
B 黄	-	-			-	-		
C 粉		-	-			-	-	
D 蓝			-	-			-	-

（3）单 - 双相励磁法：单相和双相轮流交替导通，精度较高，且运转平滑。每送一个励磁信号转动二分之一步距角，又称为半步驱动。完整驱动过程如表 3-17 所列。

表 3-17　单 - 双相励磁法

导线颜色	1	2	3	4	5	6	7	8
红	+	+	+	+	+	+	+	+
A 橙	-	-						-
B 黄		-	-	-				
C 粉				-	-	-		
D 蓝						-	-	-

四相步进电机中，第 1、2 种方式称四相四拍，第 3 种称四相八拍。步距角，是指输入一个电脉冲信号，步进电动机转子相应的角位移。它与控制绕组的相数、转子齿数和通电方式有关。步距角越小，运转的平稳性越好。

3.5.3　步距角的结构解释

反应式步进电动机是根据磁阻性质产生转矩工作的，遵循磁通总是沿着磁阻最小的路径闭合的原理，由磁拉力形成转矩。图 3-37 是三相步进电动机的定子铁心，在内周有六个磁极，每个磁极上有 5 个小齿，齿中心距为 9°，齿宽与齿间距大小一样，径向的两个磁极组成一对磁极，定子铁心由冲制的硅钢片叠制而成。步进电动机的转子铁心上没有线圈，但在外圆周有 40 个小齿，齿中心距为 9°，齿宽与齿间距一样，转子铁心由冲制的硅钢片叠制而成。三相步进电机需要三相依次接通转动，因此，每次转动的角度为 3°。

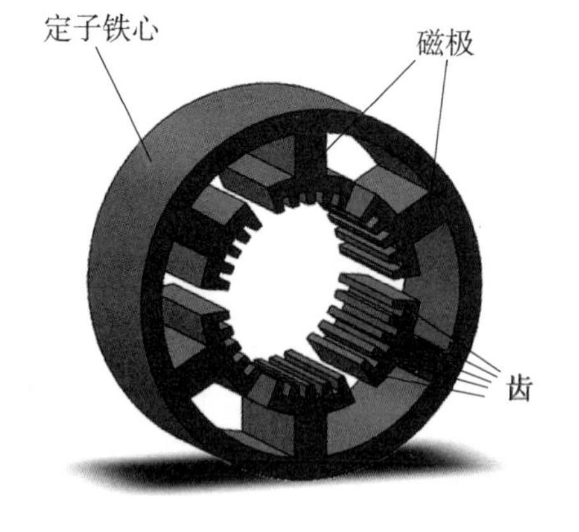

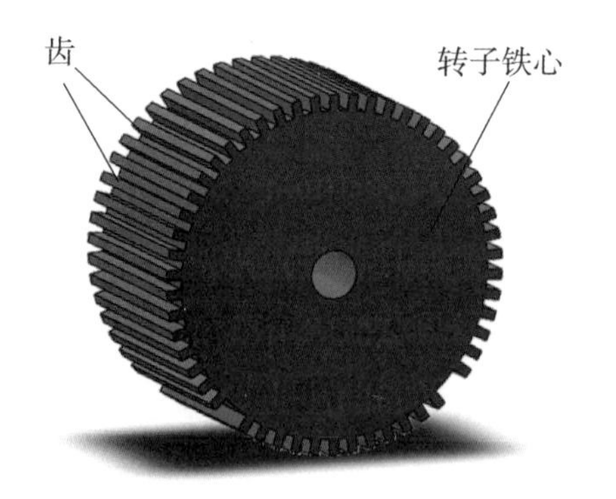

图 3-37　定子和转子

由于定子磁极和转子上的齿宽与齿间距均一样，所以当定制的一对磁极小齿与转子小齿对齐时，另两队磁极小齿与转子小齿角度相差 ±3°，如图 3-38 所示。

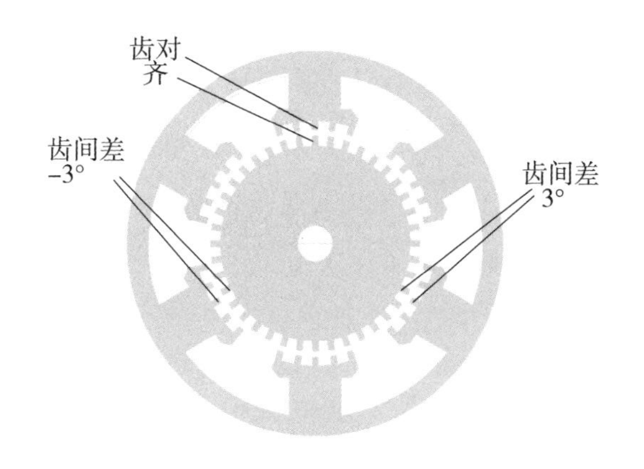

图 3-38　转子和定子相位差

反应式步进电机多为三相线圈，图 3-38 中三对磁极可绕三组线圈组成三相绕组，如图 3-39 所示。三相线圈分为 A、B、C 三个线圈，图 3-39 中用三个开关晶体管向三个线圈供电，三个线圈的一端与电源正极相连，另一端分别与驱动器内三个开关晶体管连接，构成星形连接。每个时期仅有一个开关晶体管导通即一个线圈通电。

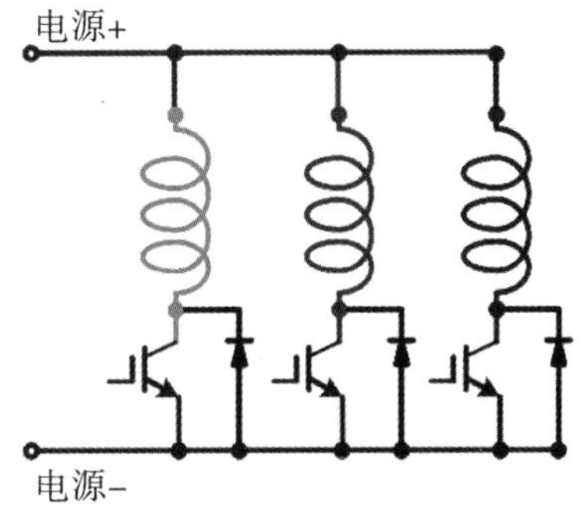

图 3-39　三相绕组接线原理图

假设第一个脉冲控制 BG2 导通，B 相线圈通电，磁通按最近的路径闭合，在磁拉力作用下转子逆时针转动，如图 3-40 所示。

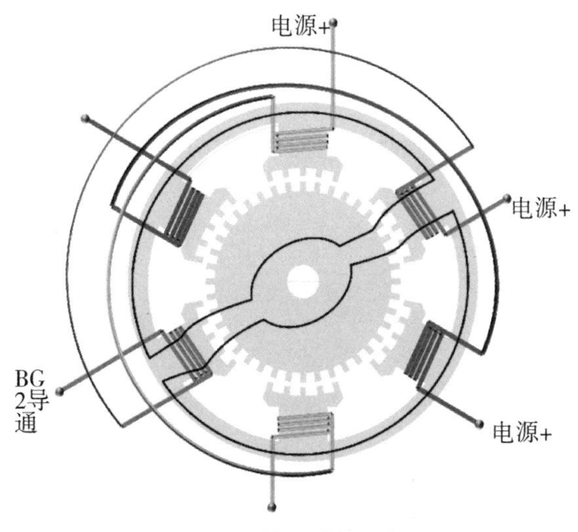

图 3-40　接通过程示意图

在磁拉力作用下，转子向逆时针方向转到 3°。如果此时控制 BG3 导通，C 线圈通电，转子在磁拉力作用下继续转动，继续转动 3°，因此，控制两步转动了 6°，步距角为 3°。这种驱动方式受到原始齿间距的限制很难提升，而在工业领域的精确位置控制需要进行细分控制。

步进电机步距角与转子齿数、定子相数和通电方式相关。转子齿数越多，步距角越小，转子相数越多，步距角越小。单相和双相轮流通电时转动步距角，单、双相轮流通电为半步距角。因此，步距角的表达式为

$$\theta_b=\frac{360}{p*Z*C} \tag{3.1}$$

式中，p 为定子相数；Z 为转子齿数；C 通电方式。C=1 表示单相或双相通电方式，C=2 表示单、双相轮流通电方式。

3.5.4 步进电机单圈细分脉冲数

根据以上分析可以看出，基本步距角是不能取任意值的。电机相数不同，其步距角也不同。因此，转动一圈需要的脉冲数为

$$N=\frac{360}{\theta_b} \tag{3.2}$$

步进电机细分驱动技术是 20 世纪 70 年代中期发展起来的一种可以显著改善步进电机综合使用性能的驱动控制技术。它是通过控制各相绕组中的电流，使它们按一定的规律上升或下降，即在零电流到最大电流之间形成多个稳定的中间电流状态，相应的合成磁场矢量的方向也将存在多个稳定的中间状态，且按细分步距旋转。其中合成磁场矢量的幅值决定了步进电机旋转力矩的大小，合成磁场矢量的方向决定了细分后步距角的大小。细分驱动技术进一步提高了步进电机转角精度和运行平稳性。

细分是驱动器将上级装置发出的每个脉冲按驱动器设定的细分系数分成系数个脉冲输出。通过步进电机驱动器上的 DIP 拨码开关设定细分数，如图 3-41 所示，S5—S8 为细分设置开关，全为 ON 时细分数为 2，全为 OFF 时细分数为 125。

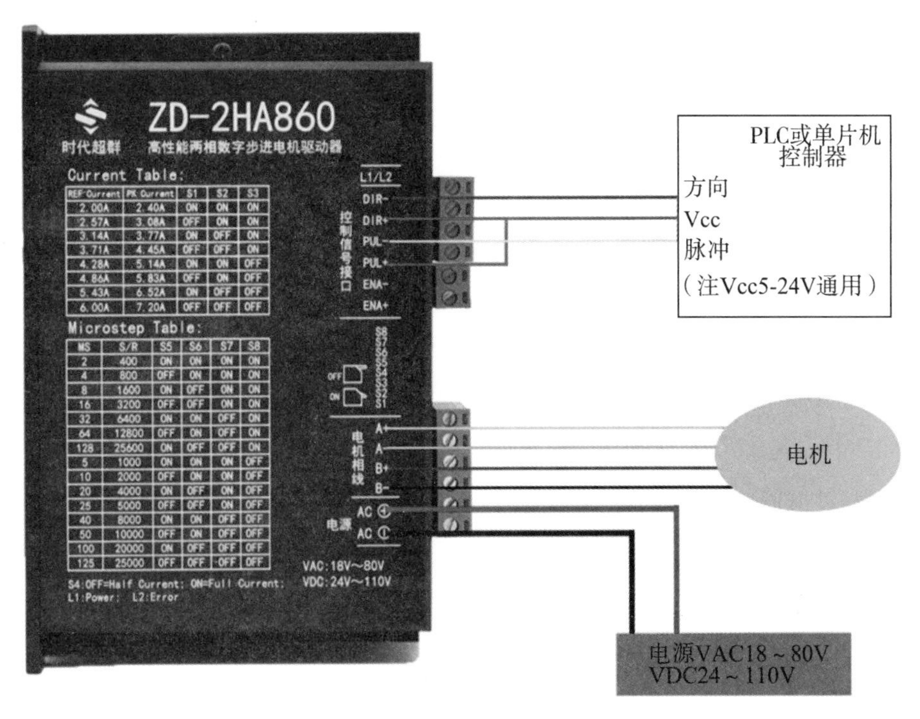

图 3-41　步进电机驱动器接线图

含细分时转动一圈需要的脉冲为

$$N=\frac{360*M}{\theta_b} \tag{3.3}$$

式中，M 为细分数。

3.5.5　步进电机 24BYJ48-5V 驱动案例

步进电机 24BYJ48-5V 这个型号的具体含义：

24——表示此步进电机的有效最大外径是 24 mm。

B——表示是步进电机，“步”字的汉语拼音（Bu）开头字母。

Y——表示该步进电机是永磁式，“永”汉语拼音（Yong）开头字母。

J——表示该步进减速电机的减速型式，“减”汉语拼音（Jian）开头字母。

48——表示四相八拍，这个步进电机是四相八拍的步进电机。

5V——表示这个步进电机的额定电压为 5 V，且是直流电压。

因此，此步进电机是永磁式减速步进电机。步距角为 5.625°（八拍模式）。内置减速器减速比 64 ：1。

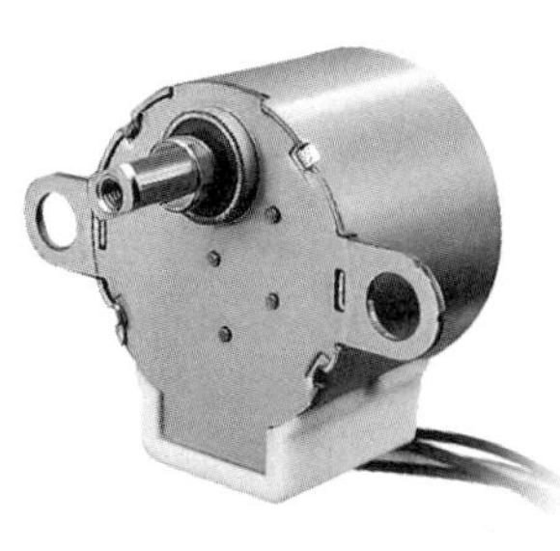

图 3-42　步进电机 24BYJ48

24BYJ48 共有 5 根线，依次为红、橙、黄、粉红、蓝五种颜色。其中，蓝和黄是一对，橙和粉红是一对，而红色的那根线是这两组线圈抽头的公共线。蓝和黄，橙和粉红，是接控制脉冲输出的，红色的那根线是接 +5V 直流电源的。

步进电机 24BYJ48 为四相步进电机，转子齿轮 8，因此，4 拍模式下电机步距角为 11.25°，8 拍模式下电机（半）步进角为 5.625°，电机自带减速器的减速比为 1 ：64。在第 1、2 种方式驱动时，转动 1 圈需要 360/11.25 × 64=2048 拍。第 3 种方式驱动时，转动 1 圈需要 4096 拍。

3.5.6　使用 ULN2003 驱动步进电机

使用 ULN2003 驱动电机，原理图和接线图如图 3-43 和图 3-44 所示。

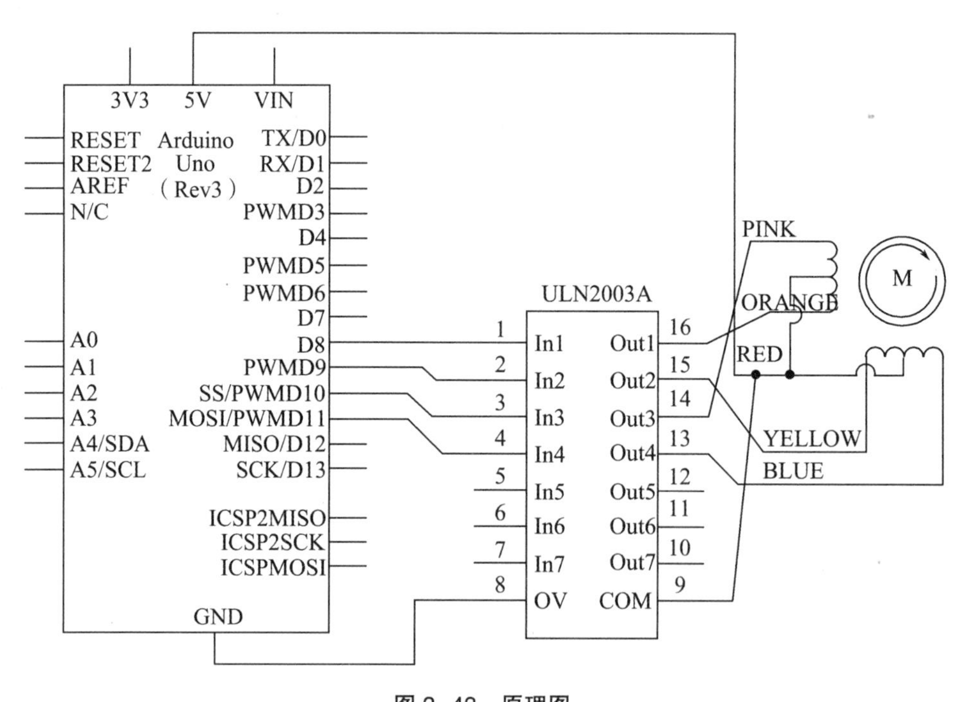

图 3-43　原理图

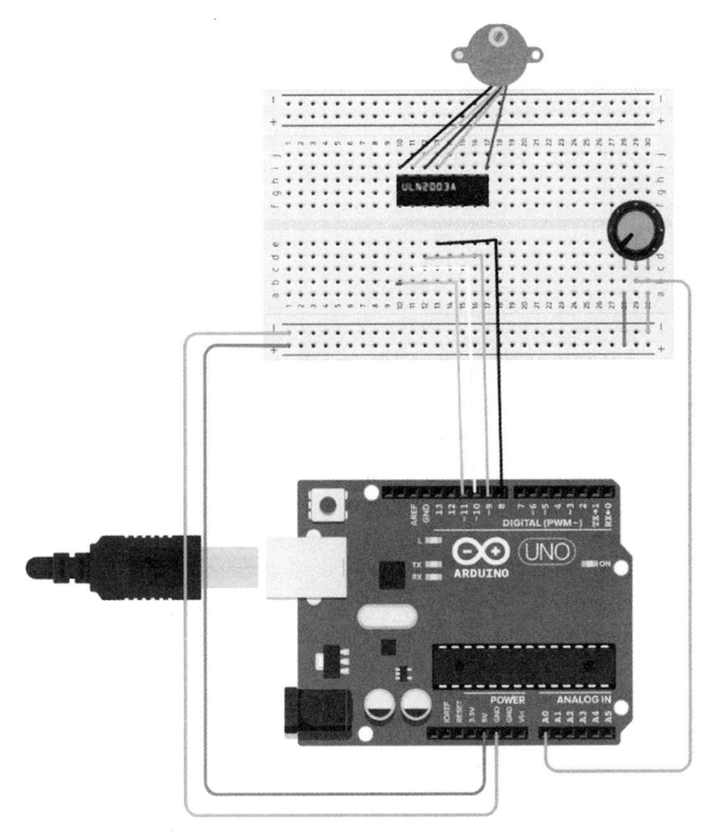

图 3-44　接线图

使用 Arduino IDE 自带的 Stepper.h 库文件进行驱动步进电机，通常需要三步操作。需要注意下面函数的设定值均是对步进电机进行的设置，而不是减速器输出轴。如果需要对减速器输出轴还需考虑减速比。

第一步：Stepper mystepper（STEPS，pin1，pin2，pin3，pin4）；// 输入参数步数，引脚

STEPS ：电机旋转一周的步数（整数型 32）

pin1，pin2 ：连接电机的引脚编号（整数型）

pin3，pin4 ：（可选参数）连接电机的引脚编号（整数型）

```
/* 此部分是 Stepper.h 文件的部分代码，从代码可以看出此文件是按照两相驱动的方式，因此，计算 STEPS 时，需要按照 2 相驱动的步距角计算。步进电机 24BYJ48 在第 2 种驱动方式下需要 2048 个脉冲 */
  if (this->pin_count == 4) {
    switch (thisStep) {
     case 0:  // 1010
```

```
      digitalWrite(motor_pin_1, HIGH);
      digitalWrite(motor_pin_2, LOW);
      digitalWrite(motor_pin_3, HIGH);
      digitalWrite(motor_pin_4, LOW);
    break;
    case 1: // 0110
      digitalWrite(motor_pin_1, LOW);
      digitalWrite(motor_pin_2, HIGH);
      digitalWrite(motor_pin_3, HIGH);
      digitalWrite(motor_pin_4, LOW);
    break;
    case 2: //0101
      digitalWrite(motor_pin_1, LOW);
      digitalWrite(motor_pin_2, HIGH);
      digitalWrite(motor_pin_3, LOW);
      digitalWrite(motor_pin_4, HIGH);
    break;
    case 3: //1001
      digitalWrite(motor_pin_1, HIGH);
      digitalWrite(motor_pin_2, LOW);
      digitalWrite(motor_pin_3, LOW);
      digitalWrite(motor_pin_4, HIGH);
    break;
  }
}
```

第二步：设定转速。

mystepper.setSpeed（SPEED）; // 设定步进电机速度为 SPEED rpm

设定转速，单位为 rpm，比如 setSpeed（200），就是转速为 200 转每分钟。但这里的转速是不带减速比的。

第三步：让步进电机转动。这个函数是使电机转过固定的步数，只有当电机转过指定步数之后才会执行该语句的下一条语句。

mystepper.step（steps）; // 步进电机走 steps 步

steps: 电机运行的步数（整数型），正负号控制旋转方向。

参考程序：

```
// 使用 Arduino IDE 自带的 Stepper.h 库文件
 /* 步进电机速度控制示例
 本示例程序用于驱动非极性步进电机。
电机的接口连接至 Arduino 的 8 至 11 号端口，变阻器连接至模拟端口 A0
 电机将沿着顺时针方向旋转，电位器的模拟量越高，步进电机的转速就越快。
因为 setSpeed() 函数将设定每一步序的时间间隔。你可能会发现当电位器模拟量太低时，电机将会停止旋转。
*/
 #include <Stepper.h>
 const int stepsPerRevolution = 32;
 Stepper myStepper(stepsPerRevolution, 8,9,10,11);
 int stepCount = 0;
 void setup()
{
}
 void loop()
{
  int sensorReading = analogRead(A0);
  int motorSpeed = map(sensorReading, 0, 1023, 0, 100);
  if (motorSpeed > 0)
{
   myStepper.setSpeed(motorSpeed);
   myStepper.step(stepsPerRevolution*64);
  }
delay(2000);
stepsPerRevolution=- stepsPerRevolution;// 等待 2 秒后再次反方向转动一圈
}
```

3.6 超声波测距模块

人类耳朵能听到的声波频率为 20 Hz ~ 20 kHz。当声波的振动频率大于 20 kHz 或小于 20 Hz 时，人耳便听不到。频率高于 20000 Hz 的声波称为“超声波”，超声波方向性好、穿透能力强，易于获得较集中的声能，在医学、军事、工业、农业上有很多的应用，如超声波清洗、超声波加湿、超声波探伤、测距、塑料焊接、杀菌消毒等。

声音是由振动产生的，能够产生超声波的装置就是超声波传感器，也称为超声换能器，或者超声探头。超声波探头主要由压电晶片组成，既可以发射超声波，也可以接收超声波。

常用的压电式超声波发生器是利用压电晶体的谐振来工作的，超声波传感器探头内部有两个压电晶片和一个共振板。当它的两极外加脉冲信号，其频率等于压电晶片的固有振荡频率时，压电晶片将会发生共振，并带动共振板振动，便产生超声波。反之，如果两电极间未外加电压，当共振板接收到超声波时，将压迫压电晶片做振动，将机械能转换为电信号，这时它就成为超声波接收器了。超声波传感器就是利用压电效应的原理将电能和超声波相互转化，即在发射超声波的时候，将电能转换成超声波发射出去；而在接收时，则将超声振动转换成电信号。

最常用的超声测距方法是回声探测法，如图 3−45 所示，超声波发射器向某一方向发射超声波，在发射同时计数器开始计时，超声波在空气中传播，途中碰到障碍物面阻挡就立即反射回来，超声波接收器收到反射回的超声波就立即停止计时。超声波在空气中的传播速度为 340 m/s，根据计时器记录的时间 t，就可以计算出发射点距障碍物面的距离 s，即，$s=340t/2$。

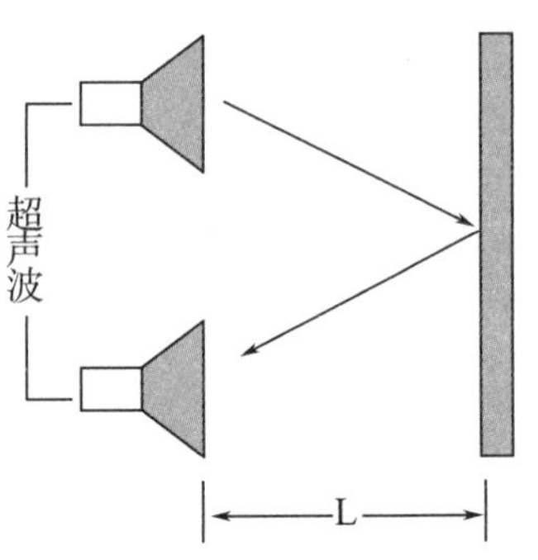

图 3−45　超声波测距原理图

超声波也是一种声波，其声速 v 与温度有关。在使用时，如果传播介质温度变化不大，则可近似认为超声波速度在传播的过程中是基本不变的。如果对测距精度要求很高，则应通过温度补偿的方法对测量结果加以数值校正。$v=331.4+0.607T$，式中，T 为实际温度，单位为℃，v 为超声波在介质中的传播速度，单位为 m/s。

实际测量时由于传感器和被测物体的角度不同，被测物体表面也可能不是平整的，产生的几种特殊情况会导致测量结果错误，可以通过旋转探头角度多次测量来解决。

特点如下：

（1）频率越高，精度也越高，但检测距离越近（空气衰减增大）；

（2）输出功率越高、灵敏度越高，检测距离也越远；

（3）通常检测角度小的，测距范围略远。

超声波测距模块有好多种类型，比较常用的有 URM37 超声波传感器默认是 232 接口，可以调为 TTL 接口，URM05 大功率超声波传感器测试距离能到 10 米，算是测试距离比较远的一款，另外还有比较常用的国外的几款 SRF 系列超声波模块，超声波模块精度能到 1 cm。

HC-SR04 超声波模块常用于机器人避障、物体测距、液位检测、公共安防、停车场检测等场所。HC-SR04 超声波模块主要是由两个通用的压电陶瓷超声传感器加外围信号处理电路构成的，实物如图 3–46 所示。

图 3–46　超声波测距模块

HC-SR04 超声波测距模块可提供 2 ～ 400 cm 的非接触式距离感测功能，测距精度可达到 3 mm；模块包括超声波发射器、接收器与控制电路。基本工作原理如下：

① 采用 I/O TRIG 触发测距，给至少 10us 的高电平信号；

② 模块自动发送 8 个 40 kHz 的方波，自动检测是否有信号返回；

③ 有信号返回，通过 I/O ECHO 输出一个高电平，高电平持续的时间就是超声波从发射到返回的时间。

表 3–18　电气参数表

电气参数	HC-SR04 超声波模块
工作电压	DC 5V
工作电流	15 mA
工作频率	40 kHz
最远射程	4 m

续表

电气参数	HC-SR04 超声波模块
最近射程	2 cm
测量角度	15 度
输入触发信号	10 us 的 TTL 脉冲
输出回响信号	输出 TTL 电平信号，与射程成正比
规格尺寸	45 × mm20 × mm15 mm

（4）超声波时序图如图 3–47 所示。

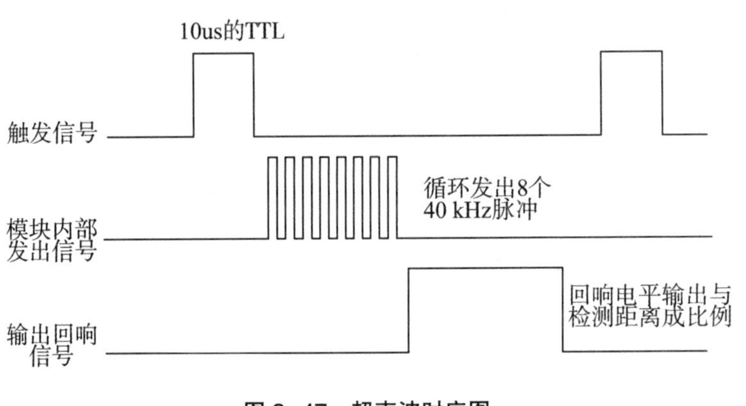

图 3–47　超声波时序图

注：

① 此模块不宜带电连接，若要带电连接，则先让模块的 GND 端先行连接，否则会影响模块的正常工作。

② 测距时，被测物体的面积不少于 0.5 m^2 且平面尽量要求平整，否则影响测量的结果。

```
// 功能：利用 SR04 超声波传感器进行测距，并用串口显示测出的距离值
const int TrigPin = 2;
const int EchoPin = 3;
float distance;
void setup()
{  // 初始化串口通信及连接 SR04 的引脚
 Serial.begin(9600);
 pinMode(TrigPin, OUTPUT);
 // 要检测引脚上输入的脉冲宽度，需要先设置为输入状态
 pinMode(EchoPin, INPUT);
 Serial.println("Ultrasonic sensor:");
}
void loop()
{ // 产生一个 10us 的高脉冲去触发 TrigPin
  digitalWrite(TrigPin, LOW);
  delayMicroseconds(2);
  digitalWrite(TrigPin, HIGH);
  delayMicroseconds(10);
  digitalWrite(TrigPin, LOW);
  // 检测脉冲宽度，并计算出距离
  // 函数返回 10 微秒 -3 分钟的时间，单位微秒
  // 时间 (us)/2*340m/s，可以简化为 pulseIn()/58.00
   distance = pulseIn(EchoPin, HIGH) *170.0/1000.0;// 单位毫米，需要调试以便
输出正确结果
   Serial.print(distance);
   Serial.print("mm");
   Serial.println();
   delay(1000);}
```

3.7 舵机

舵机是用来控制舵的，比如轮船的方向舵和飞机的方向舵、升降舵等，这些都需要控制一定的角度，但并非需要连续旋转。所以一般舵机只能在正负 90° 之间转动（连续旋转舵机除外），是一种具有角度位置反馈的伺服驱动器。

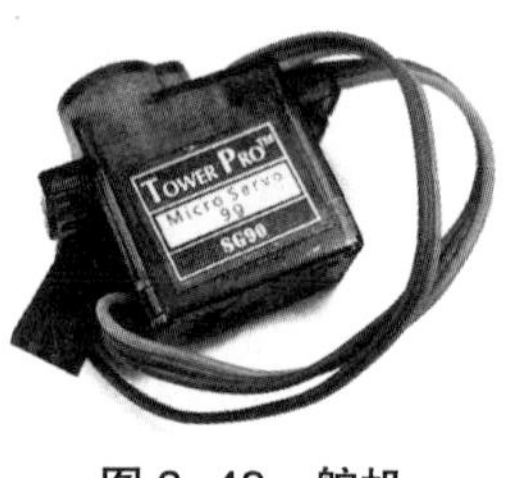

图 3-48 舵机

舵机主要由外壳、直流电机、减速齿轮组、电路板和位置检测传感器组成，舵机实物如图 3-48 所示。

简单地说，舵机内部由直流电机、位置电位器和驱动反馈电路板组成，当需要舵机转到一定角度时，输入信号会与标准信号比较。如果反馈位置小于目标位置，电机则会继续转动，直到转到指定位置。如果反馈位置大于目标位置，电机反向转动至目标位置。

舵机转动的角度是通过调节 PWM（脉冲宽度调制）信号的占空比来实现的。标准的 PWM 信号的周期固定为 20 ms，理论上脉宽分布应该在 1 ms 到 2 ms 之间，脉宽与转角 0° ~ 180° 相对应。不同厂家不同型号的舵机也会有所差异。

通常，舵机初始状态为 90°，所以内部有一个基准电路，产生周期 20 ms、宽度 1.5 ms 的基准信号。比较外部 PWM 信号的脉冲宽度与基准脉冲宽度，将获得的直流偏置电压与电位器的电压比较，获得电压差输出。经过电路板 IC 方向判断，再驱动马达开始转动，通过减速齿轮将动力传至摆臂，同时由位置传感器的信号判断是否已经到位，舵机控制原理如图 3-49 所示。

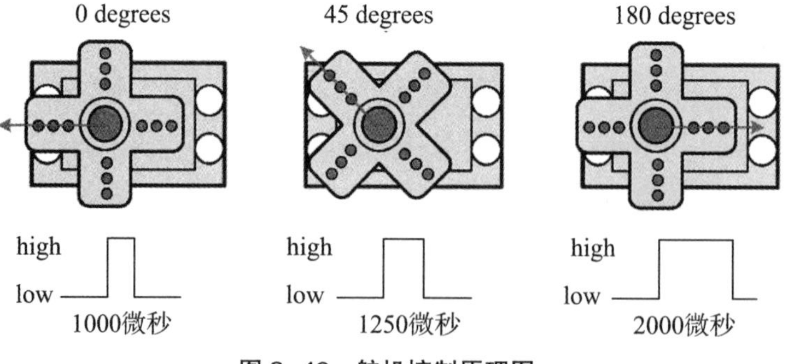

图 3-49 舵机控制原理图

外部接线情况：舵机一般都外接三根线，分别用棕、红、橙三种颜色进行区分，由于品牌不同，颜色也会有所差异，棕色为接地线，红色为电源正极线，橙色为信号线，如图 3-50 所示。

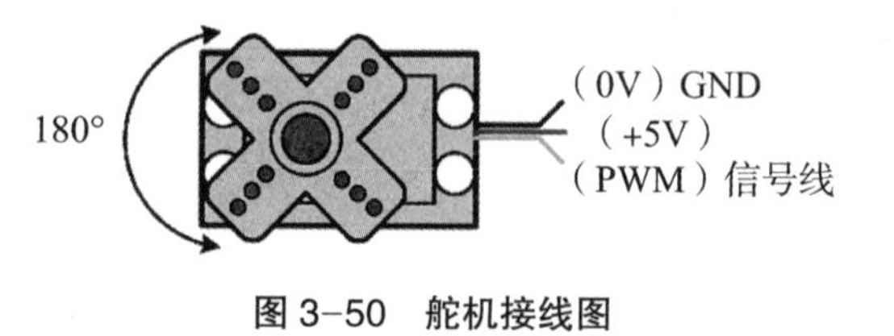

图 3-50 舵机接线图

线路连接非常简单，如图 3-51 所示，舵机红色线接开发板 5V，棕色线接开发板 GND，橙色信号线接开发板数字引脚 9。

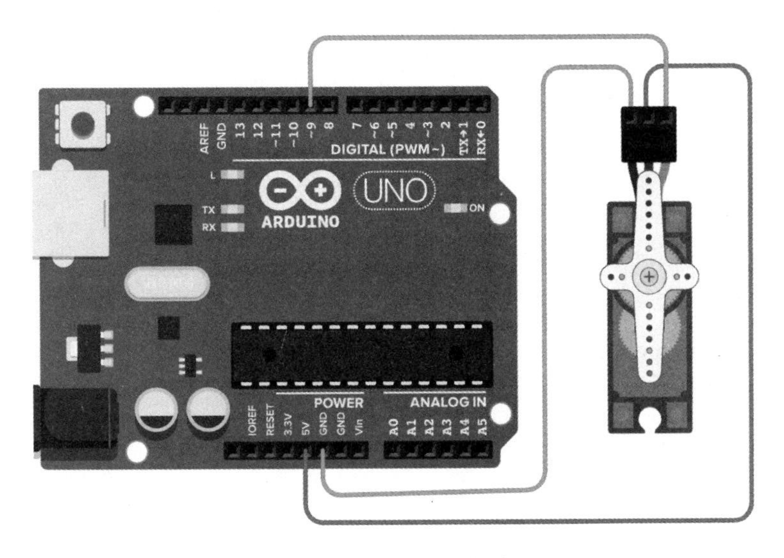

图 3-51　舵机控制接线图

用 Arduino 控制舵机一般有两种方法：

（1）通过 Arduino 的普通数字引脚产生占空比不同的方波，模拟产生 PWM 信号进行舵机控制。

（2）直接利用 Arduino 自带的 Servo 库进行控制。

下面以 Servo 库进行控制，常用函数有：

① Attach（接口）：设定舵机接口。

② Write（角度）：用于设定舵机旋转的角度，可设定范围 0° ~ 180°。

③ Read()：用于读取舵机角度的语句，可理解为读取最后一条 write() 命令中的值。

```
#include <Servo.h>
Servo myservo;
int pos = 0;                          // 角度存储变量
void setup()
{
  myservo.attach(9);                  // 控制线连接数字 9
}
void loop()
{
```

```
  for (pos = 0; pos <= 180; pos ++)
  {
    // 0°  到 180°   in steps of 1 degree
    myservo.write(pos);                    // 舵机角度写入
    delay(5);                              // 等待转动到指定角度
  }
  for (pos = 180; pos >= 0; pos --)
  { // 从 180°  到 0°
   myservo.write(pos);                     // 舵机角度写入
   delay(5);                               // 等待转动到指定角度
  }
}
```

第 4 部分　通信模块及应用

4.1　通信模式简介

4.1.1　AT 指令模式和透传模式

常用的通信模块有蓝牙、红外、WIFI 等，通信模式基本都具有 AT 指令模式和透传模式。透传模式即通信接口不会对 MCU 要发送的数据做任何处理，只是把需要传输的内容当成一组二进制数据传输到目的节点。在传输过程中对外界透明，不管所传输的内容、数据协议形式。AT 指令模式（Attention）是一个主从应答模式。AT 指令是由 Dennis Hayes 发明用来指导 modem 工作的，虽然低速 modem 已经退出了市场，但 AT 指令却不断发展，在嵌入式行业里各类联网模块中发挥着重要的作用，应用在蜂窝模块、WiFi、蓝牙等模块中。每个 AT 命令行中只能包含一条 AT 指令；对于 AT 指令的发送，除 AT 两个字符外，最多可以接收 1056 个字符的长度（包括最后的空字符）。通用 AT 命令有四种类型，如表 4-1 所列。AT 命令的默认波特率为 115200，每条 AT 命令的长度不超过 256 字节且以新行（CR-LF）结束，所以串口工具应设置为“新行模式”。

表 4-1　AT 指令常用的四种类型

类型	命令格式	说明
测试命令	AT+< 命令名称 >=?	查询设置命令的内部参数及其取值范围
查询命令	AT+< 命令名称 >?	用于查询该指令对应功能的当前值
设置命令	AT+< 命令名称 >=<…>	设置用户指定的参数到对应的功能里
执行命令	AT+< 命令名称 >	执行相关操作

4.1.2　ESP8266 常用的 AT 指令

ESP8266　模块常用的 AT 命令有以下几种：

AT+RST　重启模块。

AT+GMR　查看版本信息。

AT+CIOBAUD=9600　修改波特率，之后串口监视器选择 9600 波特率就可以看到正确的信息。

AT+CWMODE? // 查询工作模式：① Station（客户端模式）；② AP（接入点模式）；③ Station+AP（两种模式共存）。

模块可以设置为 STA 模式、AP 模式和共存模式。

（1）模块 AP 模式下做 TCP Serve。

使用串口助手发送 AT+CWMODE=2 开启 AP 模式；使用串口助手发送 AT+CWSAP ="ESP8266"，"0123456789"，11，0 设置模块的 WIFI 和密码；使用串口助手发送 AT+ CIPSERVER=1，8899 设置模块服务器端口，默认端口为 333。

打开电脑的无线网络连接 AP 热点“ESP8266”，输入前面设置的密码，电脑被分配 IP:192.168.4.2。打开网络调试助手，输入服务器模块的 IP 192.168.4.1 和端口 8899。

使用串口助手发 AT+CIPSEND=0,11 进入数据发送模式，可以在串口助手中输入 11 个字节数据进行发送，比如：abcdefghijk；在电脑上的网络调试助手中可以看到 AP 服务器发来的数据 abcdefghijk。

图 4-1　网络调试助手和串口助手操作示意图

（2）模块 STA 模式下做 TCP Serve。

使用串口助手发送 AT+CWMODE=1 设置模组为 STA 模式；发送 AT+CWLAP 查询附近 WIFI；AT+CWJAP="test"，"12345678" 连接 WIFI test，可以将手机热点设置为 test，密码 12345678；AT+CIFSR 查看路由器或手机热点分配给模组的 IP 192.168.43.103；发送 AT+CIPMUX=1 打开多连接；发送 AT+CIPSERVER=1,8899 设置模块服务器端口。

打开电脑去连接路由器的 WIFI 热点 test，打开网络调试助手。在网络调试助手上输入连接模块的 IP 和设置的端口。路由器给模块分配的 IP 为 192.168.43.103，端口为自己设定的 8899（默认的为 333）。

使用串口助手发 AT+CIPSEND=0,11 进入数据发送模式，可以在串口助手中输入

11 个字节数据进行发送，比如：abcdefghijk；在电脑上的网络调试助手中可以看到 AP 服务器发来的数据 abcdefghijk。

图 4-2　网络调试助手和串口助手操作示意图

（3）当设置为客户端模式时，实现 TCP Client 透传，常用的指令有：

使用串口助手发送 AT+CWMODE=1 设置模组为 STA 模式；发送 AT+CWLAP 查询附近 WIFI；发送 AT+CWJAP="test"，"12345678" 连接路由器 WIFI test；发送 AT+CIFSR 查看路由器分配给模组的 IP 地址，例如 192.168.43.103（串口助手）；AT+CIPMUX=0 设置单连接；AT+CIPMODE=1 设置透传模式。

电脑连接路由器 WIFI test，打开网络调试助手，配置电脑为 TCP server 端口 8899，查看路由器给电脑分配的 IP 192.168.43.104。

使用串口助手发送 AT+CIPSTART="TCP"，"192.168.43.104"，8899 建立 TCP 服务器的网络连接；发送 AT+CIPSEND 开始发送数据。串口助手输入 www.doit.com，网络调试模块显示串口发送的信息。

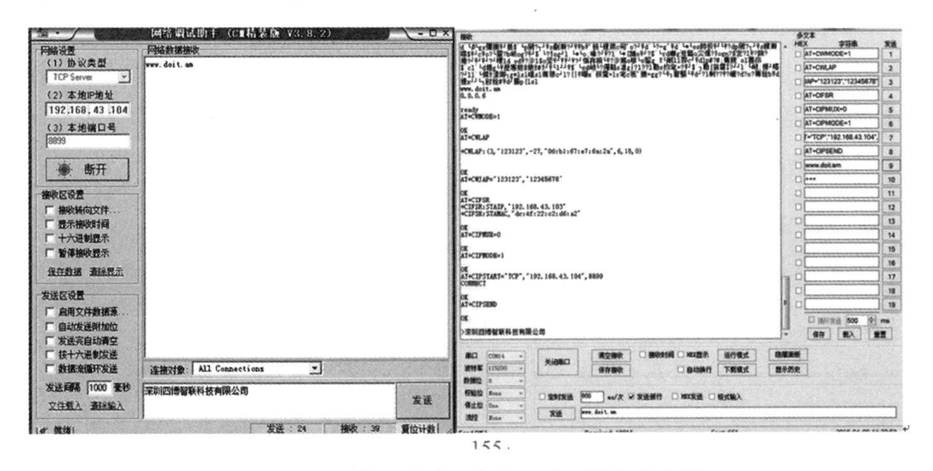

图 4-3　网络调试助手和串口助手操作示意图

4.2 WIFI 模块

ESP8266 是低功耗 WIFI 芯片，集成完整的 TCP/IP 协议栈和 MCU，它的成本低、使用简便、功能强大。和硬件与网络的桥梁串口蓝牙模块一样，串口 WiFi 模块也是扩展 Arduino 功能的又一关键模块。小巧的 ESP8266WiFi 模块通过串口 AT 指令与单片机通信，实现串口透传，非常简单。把硬件联网之后，配合服务器端的 Socket 网络编程，可以把 Arduino UNO 的终端数据上传至网络上，也可以访问网络上的服务器。

4.2.1 ESP-01 与 WIFI 热点连接

ESP-01 是基于 ESP8266WIFI 芯片的微型无线模块，具有低成本、易集成的特点，接线图如图 4-4 所示。

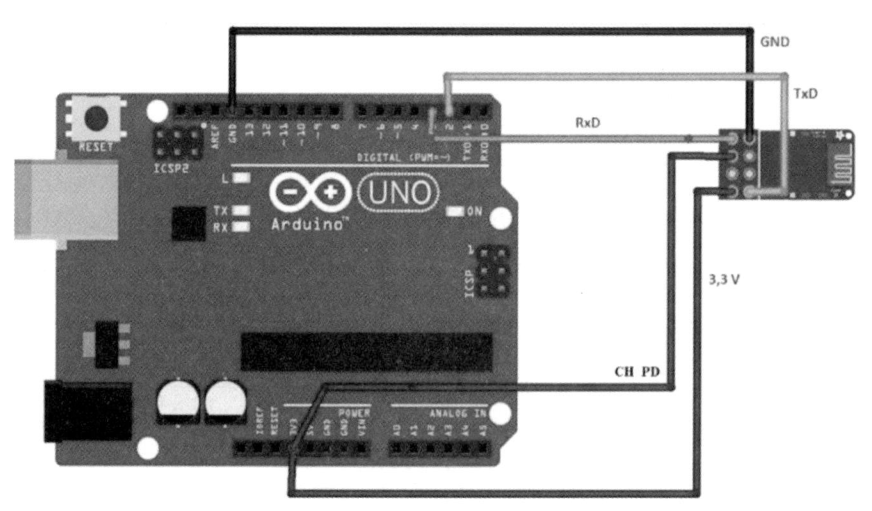

图 4-4 WiFi 模块 ESP-01 接线图

使用 ESP-01 只要 5 个针脚就可以了，分别是 GND、Vcc、TX、RX、CH_PD，其中 CH_PD 和 Vcc 这两根红线都是接 3.3V 电源。特别注意，电源是接 3.3V，连接 5V 会烧坏芯片。CH_PD 尽量串联一个 10kΩ 的电阻后，再连接 3.3V 的电源。如果线路正常，则 ESP-01 会蓝灯闪烁，然后红灯闪亮，表示进入 WIFI 搜索模式。如果通电后，灯不亮，或者蓝灯以及红灯一直亮等，同时 AT 指令不生效，那么就要再次排查电路是否正确。

Arduino 要使用 WIFI 功能，需要先包含 ESP8266WiFi.h 这个头文件。ESP8266WiFi 这个库的内部已经实现了各种 WIFI 操作的功能函数，只需要实例化一个 WiFiClient 对象，就可以操作实现各种功能了。

WIFI 初始化的流程主要有 3 步：

（1）配置 WIFI 为 Station 模式，即 ESP8266 作为一个 WIFI 使用设备。

（2）传入 WIFI 热点的 SSID 和密码，使得 ESP8266 连接到热点。

（3）读取 WIFI 连接状态，等待连接成功。

```
#include <SoftwareSerial.h>
SoftwareSerial mySerial(3, 2); // RX, TX 配置 3、2 为软串口。
// 设置 arduino 上的 3 口为 rx，2 口为 tx。就需要把 ESP-01 的 rx 连接到 Arduino 的 2 口上，模块的 tx 连接 Arduino 的 9 口上。
const char ssid[] = "xxxxx";      //WiFi 名
const char pass[] = "xxxxx";      //WiFi 密码
void setup()
{
 Serial.begin(9600);
 Serial.println("ESP8266 WIFI Test");
 while (!Serial) {
  ;
 }
 Serial.println("hardware serial!");
 mySerial.begin(9600);
 mySerial.println("software serial!");
}
void loop()
{
 if (mySerial.available())
 {
  Serial.write(mySerial.read());
 }
 if (Serial.available()) {
  mySerial.write(Serial.read());
 }
}
// 初始化 WIFI
void initWIFI()
```

```
{
  Serial.print("Connecting WiFi...");
  WiFi.mode(WIFI_STA); // 配置 WIFI 为 Station 模式
  WiFi.begin(ssid, pass); // 传入 WIFI 热点的 ssid 和密码
  while (WiFi.status() != WL_CONNECTED) // 等待连接成功
  {
    delay(500);
    Serial.print(".");
  }
  Serial.println("");
  Serial.println("WiFi connected");
  Serial.println("IP address: ");
  Serial.println(WiFi.localIP()); // 打印自己的 IP 地址
}
```

程序的运行结果可以通过串口助手的打印信息验证。

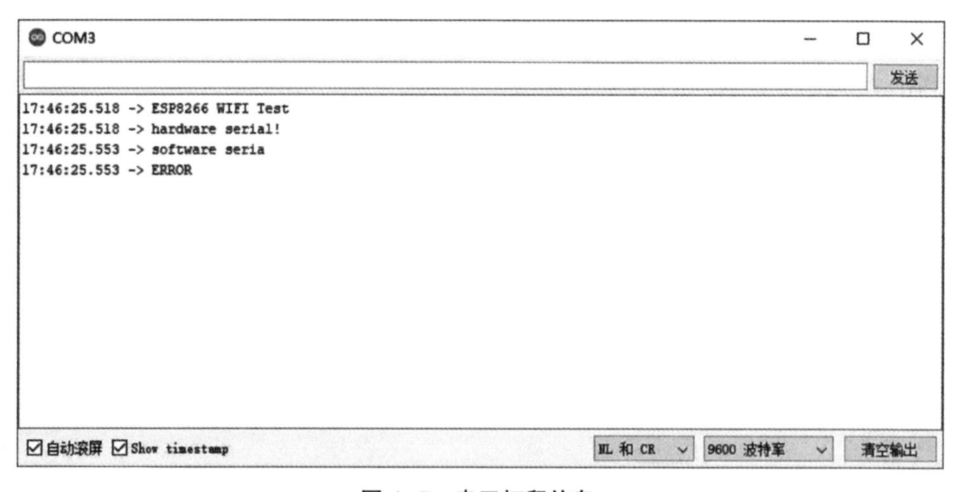

图 4-5　串口打印信息

如果串口输出信息是乱码，可能是 ESP-01 模块的默认波特率是 115200，和串口助手中 9600 不一致造成的。此时，可以将串口助手中的设置改为 115200，然后输入 AT+CIOBAUD=9600 并发送，即可修改模块的波特率。

4.2.2　ESP-01 与 PC 进行网络通信

将 WIFI 模块连接到 Arduino UNO 作为一个物联网终端，笔记本电脑作为另一个终端，两个终端通过无线热点进行连接实现数据透传。此处使用电脑端的 WIFI 测试程序进行测试。

（1）创建客户端连接。

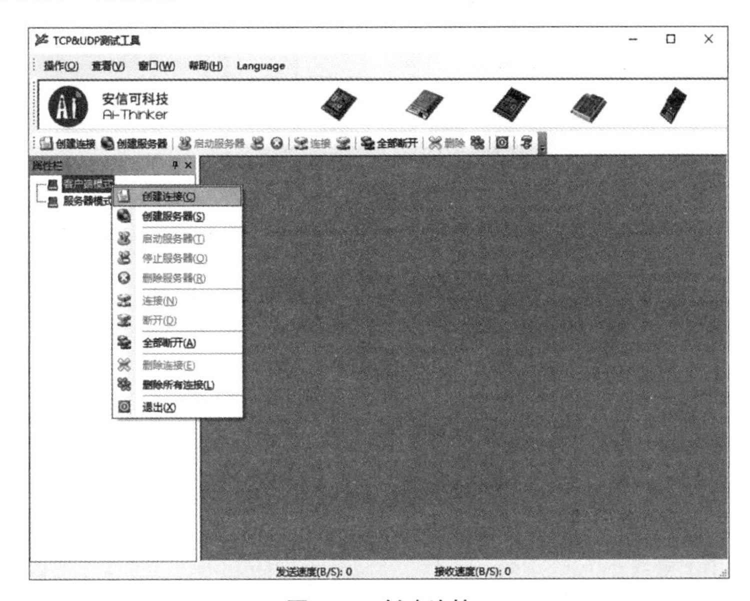

图 4-6　创建连接

（2）连接参数。

AT+CIFSR 指令查询 IP 和端口，设置参数。

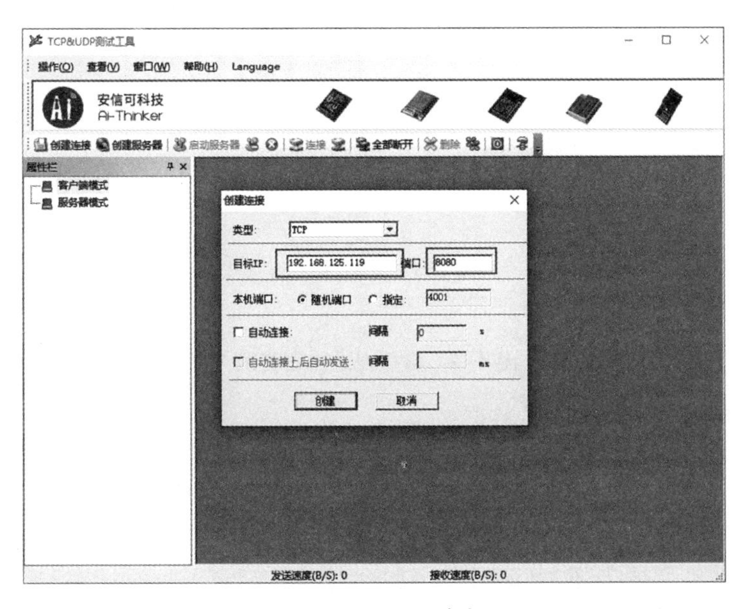

图 4-7　设置 IP 参数

（3）连接 WIFI。

选中之前创建的 WIFI 连接，点击连接按钮。

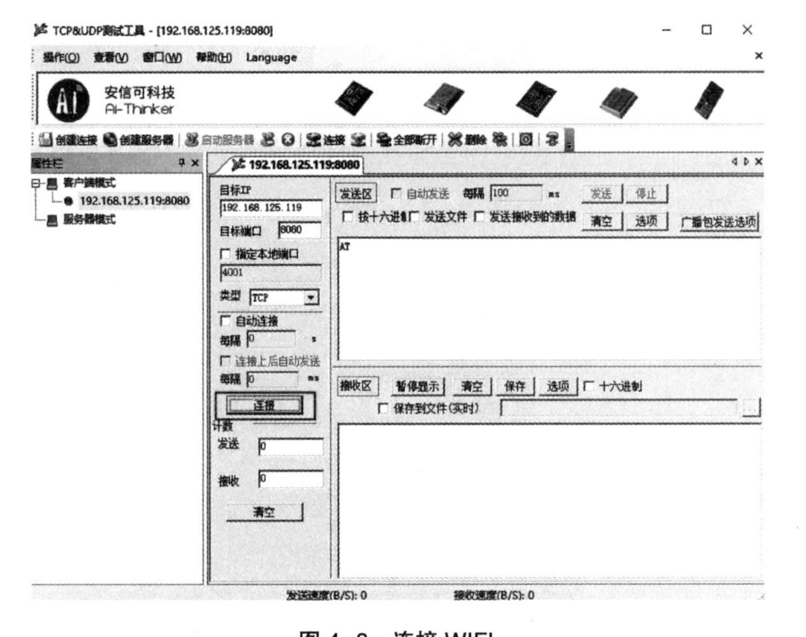

图 4-8　连接 WIFI

（4）PC WIFI 发送数据给 ESP8266。

在发送区输入字符串，点击发送，可以看到串口监视器收到了数据。

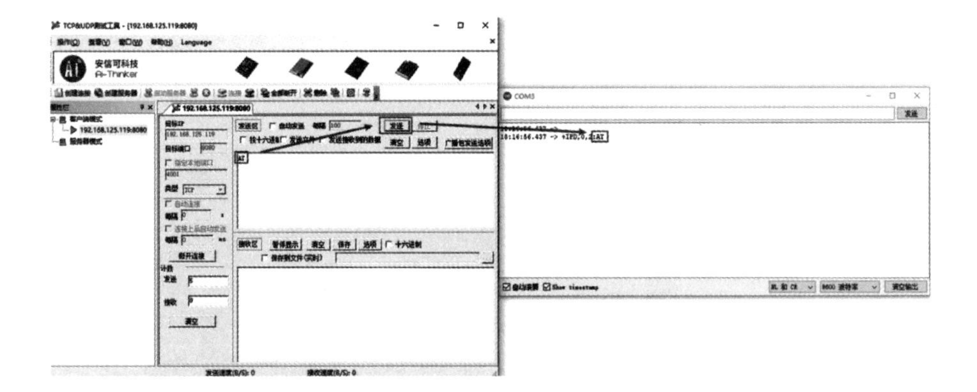

图 4-9　数据发送接收测试

（5）ESP8266 使用 AT 发送数据。

先输入 AT+CIPSEND=clientid，length

说明：先发送准备发送的命令，再发需要发送的数据

参数 client：连接序号（0—4）

参数 data：发送的数据长度

如果要发送数据 abcd 的话，在串口监视器进行以下操作：

先输入 AT 指令：

AT+CIPSEND=0，4

再发 abcd，网络助手显示 abcd。

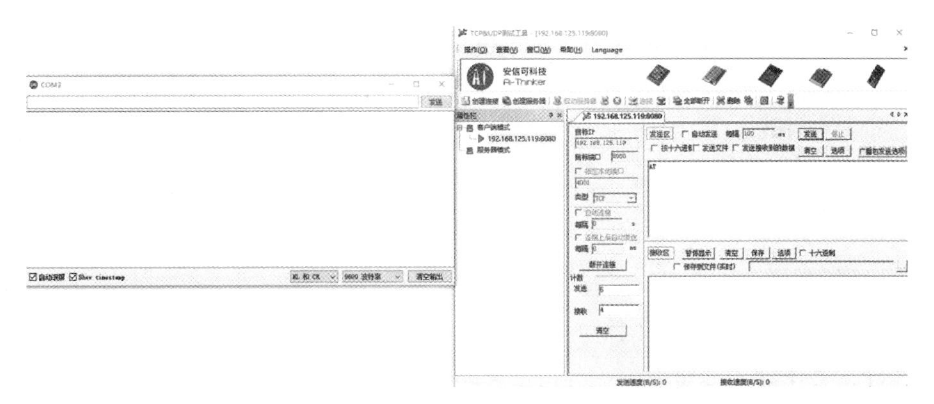

图 4-10　网络调试助手和串口助手操作示意图

4.3　从站蓝牙模块

HC-05 和 HC-06 是常用的经典蓝牙模块，基于 Bluetooth Specification V2.0 带 EDR 蓝牙协议的数传模块，常用于与单片机进行无线通信。无线工作频段为 2.4GHz ISM，调制方式是 GFSK。模块最大发射功率 4 dBm，接收灵敏度 -85 dBm，板载 PCB 天线，可以实现 10 米距离通信。HC-05 可作为主设备或从设备，支持蓝牙 SPP（串口通信）和 AT 命令模式。HC-06 通常作为从设备，仅支持蓝牙 SPP 模式。

图 4-11　蓝牙模块

HC-06 从模块能与各种带蓝牙功能的电脑、蓝牙主机、大部分带蓝牙的手机、Android、PDA、PSP 等智能终端配对，从机之间不能配对。该模块引出接口包括 Vcc、GND、TXD、RXD，预留 LED 状态输出脚。LED 灯闪烁表示没有蓝牙连接，LED 灯常亮表示蓝牙已连接并打开了端口。在未建立蓝牙连接时支持通过 AT 指令设置波特率、名称、配对密码，设置的参数掉电保存，蓝牙连接以后自动切换到透传模式。

将蓝牙设备的 TXD 直接连接到 RXD，用来测试本身的发送和接收是否正常，是最快最简单的测试方法，也称回环测试。当出现问题时首先做该测试，确定是否蓝牙设备故障。

Arduino 与蓝牙模块连线如下：

Vcc：接 Arduino 的 5V。

GND：接 Arduino 的 GND。

TXD：发送端，一般表示为标识设备的发送端，接 Arduino 的 RX。

RXD：接收端，一般表示为标识设备的接收端，接 Arduino 的 TX。（注：正常通信时 RXD 接其他设备的 TXD）

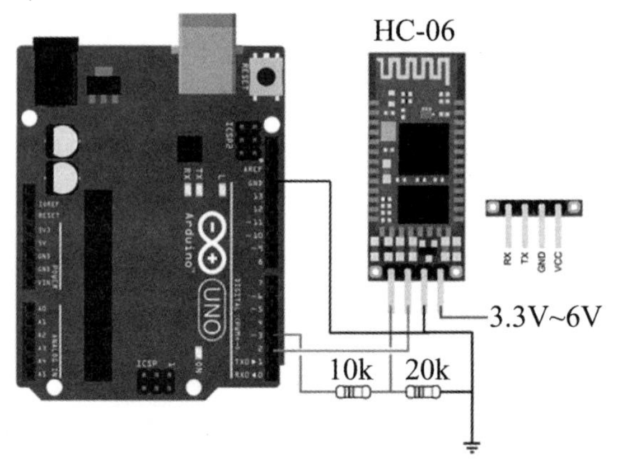

图 4-12　接线图

线接好后，把 Arduino 上电后，蓝牙的指示灯是闪烁的，表明没有设备连接上。LED 常亮，表明已经和 Android 手机连接。

```
#include <SoftwareSerial.h>
SoftwareSerial Tserial(2, 3);       // 建立 SoftwareSerial 对象，RX 引脚 2, TX 引脚 3
void setup() {
  Serial.begin(9600);
  Tserial.begin(9600);               // 默认波特率 9600
```

```
    Serial.print("Bluetooth TEST");
    Bserial.print("AT");                    // 可在此处输入设置蓝牙模块的 AT 指令。
    pinMode(11, OUTPUT);
  }
  void loop(){
    // 通过串口监视器显示蓝牙模块发送的数据
    if( Bserial.available()>0 ){
    // 如果软件串口有蓝牙模块发来的数据
    char BserialData =Bserial.read();             // 将软件串口中的数据赋值给变量
BserialData
    Serial.print( BserialData );              // 通过硬件串口监视器显示蓝牙模
块发来的数据
    if (BserialData == '1') {// 判断蓝牙模块发来的数据是否是字符 1
    digitalWrite(11, HIGH);// 如果是字符 1，则点亮 LED
    }
    else if (BserialData == '0') {// 如果不是字符 0
    digitalWrite(11, LOW); // 则熄灭 LED
    }
  }
  // 将用户通过串口监视器输入的数据发送给蓝牙模块
  if (Serial.available()>0) {// 如果硬件串口缓存中有等待传输的数据
    char serialData =Serial.read();// 将硬件串口中的数据赋值给变量 serialData
    Bserial.print( serialData ); // 将硬件串口中的数据发送给 HC-06
    }
  }
```

通过电脑端的串口监视器设置波特率为 9600；没有结束符，输入 AT 发送后会返回 OK；

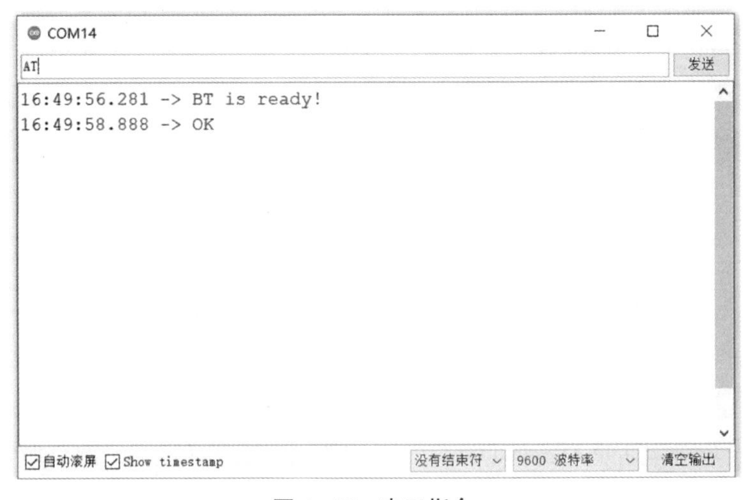

图 4-13　串口指令

另外，对于不少用户来说可能需要在手机上面进行一些设备调试，蓝牙调试宝是一款硬件调试 App，在这个软件中可以直接测试连接的蓝牙。

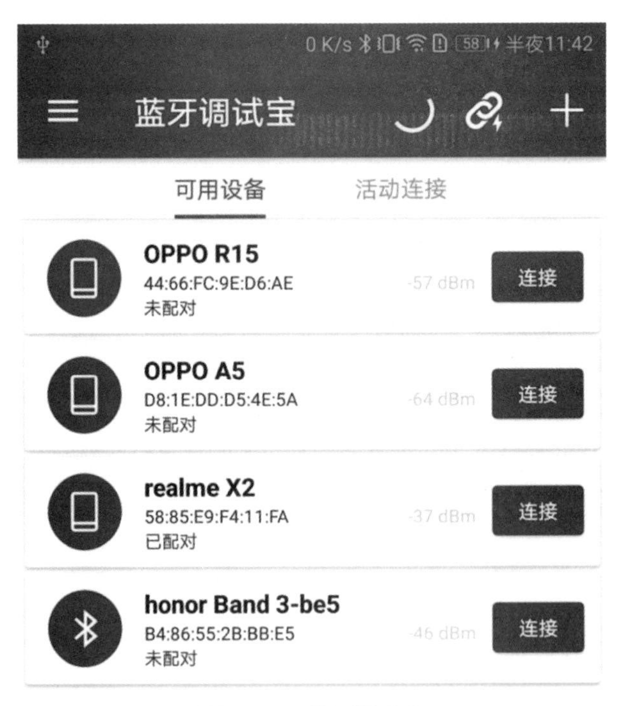

图 4-14　蓝牙调试宝

4.4　PS2 遥控器

本节利用 PS2 手柄和 Arduino 开发板制作了一个简易的遥控小车，利用蓝牙进行通信，可以实现前后左右的移动。下面先介绍 PS2 和 Arduino 开发板连接方法和程序。

4.4.1　接收器和 Arduino 的连接

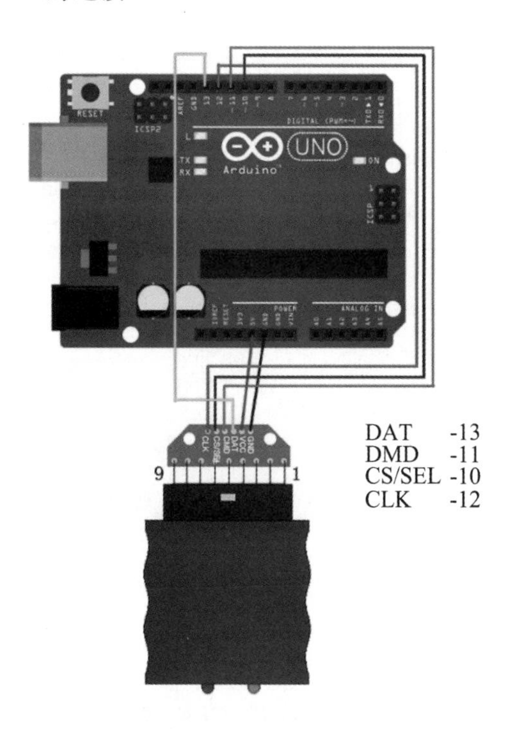

1	2	3	4	5	6	7	8	9
DI/DAT	DO/CMD	NC	GND	V_{DD}	CS/SEL	CLK	NC	ACK

图 4-15　Arduino 与手柄接收器连接图

PS 手柄与 Arduino 建立通信的步骤：

（1）准备好 PS2 手柄及 Arduino UNO R3 控制板。

（2）安装好 Arduino IDE 后，将 PS2X_lib.zip 解压到 C:\Users\Administrator\Documents\Arduino\libraries 文件夹中。

（3）按照连接图连接好接收器与控制板。

（4）烧写例程。

（5）手柄安装上电池后，打开开关 - 电源红灯亮，如果绿灯未亮，点击 MODE 按钮。打开后，手柄与接收器会自动配对，成功配对后手柄红绿灯常亮，接收器灯常亮。

（6）打开串口监视器，点击各个按钮，确定数据通信正常。

```
#include <PS2X_lib.h> //for v1.6
#define PS2_DAT       13 //14
```

```
#define PS2_CMD       11 //15
#define PS2_SEL       10 //16
#define PS2_CLK       12 //17
#define pressures   false
#define rumble      false
PS2X ps2x; // create PS2 Controller Class
int error = 0;
byte type = 0;
byte vibrate = 0;
void (* resetFunc) (void) = 0;
void setup()
{
Serial.begin(115200);
delay(500);
error = ps2x.config_gamepad(PS2_CLK, PS2_CMD, PS2_SEL, PS2_DAT,
pressures, rumble);
if(error == 0){
Serial.print("Found Controller, configured successful ");
Serial.print("pressures = ");
 if (pressures)
 Serial.println("true ");
 else
 Serial.println("false");
 Serial.print("rumble = ");
 if (rumble)
  Serial.println("true)");
 else
  Serial.println("false");
Serial.println("Try out all the buttons, X will vibrate the controller, faster as you
press harder;");
Serial.println("holding L1 or R1 will print out the analog stick values.");
```

```
Serial.println("Note: Go to www.billporter.info for updates and to report bugs.");
}
else if(error == 1)
Serial.println("No controller found");
else if(error == 2)
Serial.println("Controller found but not accepting commands.");
else if(error == 3)
Serial.println("Controller refusing to enter Pressures mode, may not support it. ");
 type = ps2x.readType();
switch(type)
{
case 0:
Serial.println("Unknown Controller type found ");
break;
case 1:
Serial.println("DualShock Controller found ");
break;
case 2:
Serial.println("GuitarHero Controller found ");
break;
 case 3:
Serial.println("Wireless Sony DualShock Controller found ");
break;
}
}
void loop() {
if(error == 1){ //skip loop if no controller found
resetFunc();
}
if(type == 2){ //Guitar Hero Controller
ps2x.read_gamepad();          //read controller
```

```
    if(ps2x.ButtonPressed(GREEN_FRET))
     Serial.println("Green Fret Pressed");
    if(ps2x.ButtonPressed(RED_FRET))
     Serial.println("Red Fret Pressed");
    if(ps2x.ButtonPressed(YELLOW_FRET))
     Serial.println("Yellow Fret Pressed");
    if(ps2x.ButtonPressed(BLUE_FRET))
     Serial.println("Blue Fret Pressed");
    if(ps2x.ButtonPressed(ORANGE_FRET))
     Serial.println("Orange Fret Pressed");
    if(ps2x.ButtonPressed(STAR_POWER))
     Serial.println("Star Power Command");
    if(ps2x.Button(UP_STRUM))
     Serial.println("Up Strum");
    if(ps2x.Button(DOWN_STRUM))
     Serial.println("DOWN Strum");
    if(ps2x.Button(PSB_START))
     Serial.println("Start is being held");
    if(ps2x.Button(PSB_SELECT))
     Serial.println("Select is being held");
    if(ps2x.Button(ORANGE_FRET))
    {
     Serial.print("Wammy Bar Position:");
     Serial.println(ps2x.Analog(WHAMMY_BAR), DEC);
    }
   }
    else { //DualShock Controller
    ps2x.read_gamepad(false, vibrate); //read controller and set large motor to spin at
'vibrate' speed
    if(ps2x.Button(PSB_START))        //will be TRUE as long as button is pressed
    Serial.println("Start is being held");
```

```
if(ps2x.Button(PSB_SELECT))
Serial.println("Select is being held");
if(ps2x.Button(PSB_PAD_UP))
{ //will be TRUE as long as button is pressed
 Serial.print("Up held this hard: ");
 Serial.println(ps2x.Analog(PSAB_PAD_UP), DEC);
}
if(ps2x.Button(PSB_PAD_RIGHT))
   {
 Serial.print("Right held this hard: ");
 Serial.println(ps2x.Analog(PSAB_PAD_RIGHT), DEC);
}
if(ps2x.Button(PSB_PAD_LEFT))
   {
   Serial.print("LEFT held this hard: ");
   Serial.println(ps2x.Analog(PSAB_PAD_LEFT), DEC);
}
if(ps2x.Button(PSB_PAD_DOWN))
   {
 Serial.print("DOWN held this hard: ");
 Serial.println(ps2x.Analog(PSAB_PAD_DOWN), DEC);
   }
vibrate = ps2x.Analog(PSAB_CROSS);
if (ps2x.NewButtonState()) {
if(ps2x.Button(PSB_L3))
Serial.println("L3 pressed");
if(ps2x.Button(PSB_R3))
Serial.println("R3 pressed");
if(ps2x.Button(PSB_L2))
Serial.println("L2 pressed");
if(ps2x.Button(PSB_R2))
```

```
    Serial.println("R2 pressed");
    if(ps2x.Button(PSB_TRIANGLE))
    Serial.println("Triangle pressed");
    }
    if(ps2x.ButtonPressed(PSB_CIRCLE))
    Serial.println("Circle just pressed");
    if(ps2x.NewButtonState(PSB_CROSS))
    Serial.println("X just changed");
    if(ps2x.ButtonReleased(PSB_SQUARE))
    Serial.println("Square just released");
    if(ps2x.Button(PSB_L1) || ps2x.Button(PSB_R1))
    { //print stick values if either is TRUE
     Serial.print("Stick Values:");
     Serial.print(ps2x.Analog(PSS_LY), DEC);
     Serial.print(",");
     Serial.print(ps2x.Analog(PSS_LX), DEC);
     Serial.print(",");
     Serial.print(ps2x.Analog(PSS_RY), DEC);
     Serial.print(",");
     Serial.println(ps2x.Analog(PSS_RX), DEC);
    }
  }
  delay(50);
}
```

4.4.2　PS2 控制小车

图 4-16　PS2 手柄控制 Arduino 小车

电机驱动采用 L298N，可以驱动直流电机和步进电机。一片驱动芯片可同时控制两个直流减速电机做不同动作，在 6V 到 46V 的电压范围内，提供 2A 的电流，并且具有过热自断和反馈检测功能。可对电机进行直接控制，通过主控芯片的 I/O 输入对 L298N 进行电平设定，就可以驱动电机进行正转反转。

```
    #include <PS2X_lib.h> //for v1.6
    #define PS2_DAT      13 //14
    #define PS2_CMD      11 //15
    #define PS2_SEL      10 //16
    #define PS2_CLK      12 //17
    #define pressures   false
        #define rumble      false
        PS2X ps2x; // create PS2 Controller Class
int error = 0;
byte type = 0;
byte vibrate = 0;
// 电机控制引脚；
#define IN1 4
#define IN2 5
#define IN3 6
#define IN4 7
```

```
void setup()
{
 pinMode(IN1, OUTPUT);
 pinMode(IN2, OUTPUT);
 pinMode(IN3, OUTPUT);
 pinMode(IN4, OUTPUT);
 Serial.begin(57600);
 delay(300) ;
error = ps2x.config_gamepad(PS2_CLK, PS2_CMD, PS2_SEL, PS2_DAT,
pressures, rumble);
//GamePad(clock, command, attention, data, Pressures?, Rumble?)
 if (error == 0)
 {
  Serial.println("Found Controller, configured successful");
  Serial.println("Try out all the buttons, X will vibrate the controller, faster as you
press harder;");
  Serial.println("holding L1 or R1 will print out the analog stick values.");
 }
 else if (error == 1)
 Serial.println("No controller found, check wiring, see readme.txt to enable debug. ");
 else if (error == 2)
 Serial.println("Controller found but not accepting commands. ");
 else if (error == 3)
 Serial.println("Controller refusing to enter Pressures mode, may not support it. ");
 type = ps2x.readType();
 switch (type)
 {
  case 0:
  Serial.println("Unknown Controller type");
  break;
  case 1:
```

```
    Serial.println("Case 1 Controller Found");
    break;
    case 2:
    Serial.println("Case 2 Controller Found");
    break;
  }
}
void loop()
{
 if (error == 1)
 return;
 if (type == 2)
 {
 ps2x.read_gamepad();
   if (ps2x.ButtonPressed(GREEN_FRET))
     Serial.println("Green Fret Pressed");
   if (ps2x.ButtonPressed(RED_FRET))
     Serial.println("Red Fret Pressed");
   if (ps2x.ButtonPressed(YELLOW_FRET))
     Serial.println("Yellow Fret Pressed");
   if (ps2x.ButtonPressed(BLUE_FRET))
     Serial.println("Blue Fret Pressed");
   if (ps2x.ButtonPressed(ORANGE_FRET))
     Serial.println("Orange Fret Pressed");
   if (ps2x.ButtonPressed(STAR_POWER))
     Serial.println("Star Power Command");
   if (ps2x.Button(UP_STRUM))
     Serial.println("Up Strum");
   if (ps2x.Button(DOWN_STRUM))
     Serial.println("DOWN Strum");
   if (ps2x.Button(PSB_START))
```

```
    Serial.println("Start is being held");
   if (ps2x.Button(PSB_SELECT))
    Serial.println("Select is being held");
   if (ps2x.Button(ORANGE_FRET))
   {
    Serial.print("Wammy Bar Position:");
    Serial.println(ps2x.Analog(WHAMMY_BAR), DEC);
   }
  }
  else
  {
   ps2x.read_gamepad(false, vibrate);
   if (ps2x.Button(PSB_START))
 {
    Serial.println("Start is being held");
   }
 else if (ps2x.Button(PSB_SELECT))
         {
    Serial.println("Select is being held");
   }
       else if (ps2x.Button(PSB_PAD_UP))
         {     //前
    Serial.print("Up held this hard: ");
    Serial.println(ps2x.Analog(PSAB_PAD_UP), DEC);
    Serial.print("--------- 前进 ");
    digitalWrite(IN1, LOW);
     digitalWrite(IN2, HIGH);
     digitalWrite(IN3, HIGH);
     digitalWrite(IN4, LOW);
   }
         else if (ps2x.Button(PSB_PAD_RIGHT))
```

```
        { //右
  Serial.print("Right held this hard: ");
  Serial.println(ps2x.Analog(PSAB_PAD_RIGHT), DEC);
  Serial.print("--------- 右转 ");
  digitalWrite(IN1, LOW);
  digitalWrite(IN2, HIGH);
  digitalWrite(IN3, LOW);
  digitalWrite(IN4, HIGH);
 }
        else if (ps2x.Button(PSB_PAD_LEFT))
        { //左
  Serial.print("LEFT held this hard: ");
  Serial.println(ps2x.Analog(PSAB_PAD_LEFT), DEC);
  Serial.print("--------- 左转 ");
  digitalWrite(IN1, HIGH);
  digitalWrite(IN2, LOW);
  digitalWrite(IN3, HIGH);
  digitalWrite(IN4, LOW);
 }
 else if (ps2x.Button(PSB_PAD_DOWN))
        { //后
  Serial.print("DOWN held this hard: ");
  Serial.println(ps2x.Analog(PSAB_PAD_DOWN), DEC);
  Serial.print("--------- 后退 ");
  digitalWrite(IN1, HIGH);
  digitalWrite(IN2, LOW);
  digitalWrite(IN3, LOW);
  digitalWrite(IN4, HIGH);
 }
 else if(ps2x.Button(PSB_SELECT))
 {  // SELECT
```

```
 digitalWrite(IN1, LOW); //停
 digitalWrite(IN2, LOW);
 digitalWrite(IN3, LOW);
 digitalWrite(IN4, LOW);
}
else
{ //没有任何操作，停止电机转动
 digitalWrite(IN1, LOW); //停
 digitalWrite(IN2, LOW);
 digitalWrite(IN3, LOW);
 digitalWrite(IN4, LOW);
}
vibrate = ps2x.Analog(PSAB_BLUE);
if (ps2x.NewButtonState())
{
 if (ps2x.Button(PSB_L3))
  Serial.println("L3 pressed");
 if (ps2x.Button(PSB_R3))
  Serial.println("R3 pressed");
 if (ps2x.Button(PSB_L2))
  Serial.println("L2 pressed");
 if (ps2x.Button(PSB_R2))
  Serial.println("R2 pressed");
 if (ps2x.Button(PSB_GREEN))
  Serial.println("Triangle pressed");
}
if (ps2x.ButtonPressed(PSB_RED))
 Serial.println("Circle just pressed");
if (ps2x.ButtonReleased(PSB_PINK))
 Serial.println("Square just released");
if (ps2x.NewButtonState(PSB_BLUE))
```

```
    Serial.println("X just changed");
   if (ps2x.Button(PSB_L1) || ps2x.Button(PSB_R1))
   {
    Serial.print("Stick Values:");
    Serial.print(ps2x.Analog(PSS_LY), DEC);
    Serial.print(",");
    Serial.print(ps2x.Analog(PSS_LX), DEC);
    Serial.print(",");
    Serial.print(ps2x.Analog(PSS_RY), DEC);
    Serial.print(",");
    Serial.println(ps2x.Analog(PSS_RX), DEC);
   }
  }
 delay(50);
}
```

4.5　红外发射模块

红外遥控是一种无线、非接触控制技术，具有抗干扰能力强、信息传输可靠、功耗与成本低、易实现等显著优点，被诸多电子设备特别是家用电器广泛采用，并越来越多地应用到计算机和手机系统中。

红外光按波长范围分为近红外、中红外、远红外、极红外 4 类。红外线遥控是利用近红外光传送遥控指令，波长为 0.76 ~ 1.5 um。用近红外作为遥控光源，是因为红外发射器件（红外发光管）与红外接收器件（光敏二极管、三极管及光电池）的发光与受光峰值波长一般为 0.8 ~ 0.94 um，在近红外光波段内，二者的光谱正好重合，能够很好地匹配，可以获得较高的传输效率及较高的可靠性。

红外遥控主要由红外发射和红外接收两部分组成。红外发射管也称红外线发射二极管，属于发光二极管。它是将电能直接转换成近红外光（不可见光）并能辐射出去的发光器件，主要应用于各种光电开关及遥控发射电路。红外线发射管的结构、原理与普通发光二极管相近，只是使用的半导体材料不同。红外发光二极管通常使用砷化镓（GaAs）、砷铝化镓（GaAlAs）等材料，采用全透明或浅蓝色、黑色的树脂封装，红外发射管如图 4-17 所示。

图 4-17　红外发射管

红外线接收头（又称红外线接收模组，IRM）是集成了红外线接收管、放大、滤波和比较器输出等的 IC 模块，内部 IC 就已经完成了信号解调，所以输出的是数字信号。红外接收头一般都有三个引脚，包括供电脚、接地脚和信号输出脚。根据发射端调制载波的不同应选用相应解调频率的接收头，红外线接收头如图 4-18 所示。

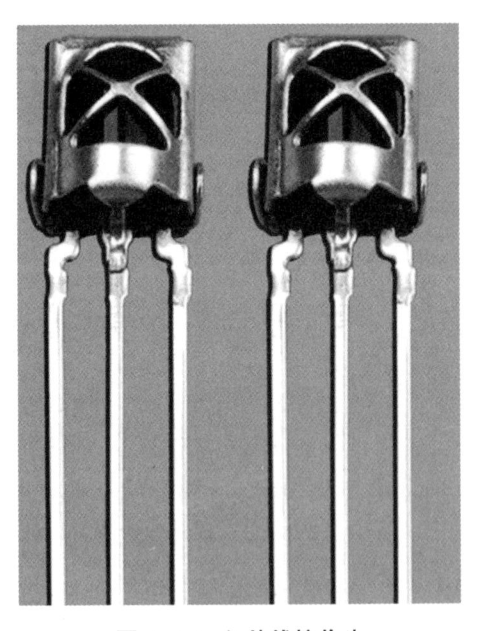

图 4-18　红外线接收头

红外线接收原理图和接线图如图 4-19 和图 4-20 所示。

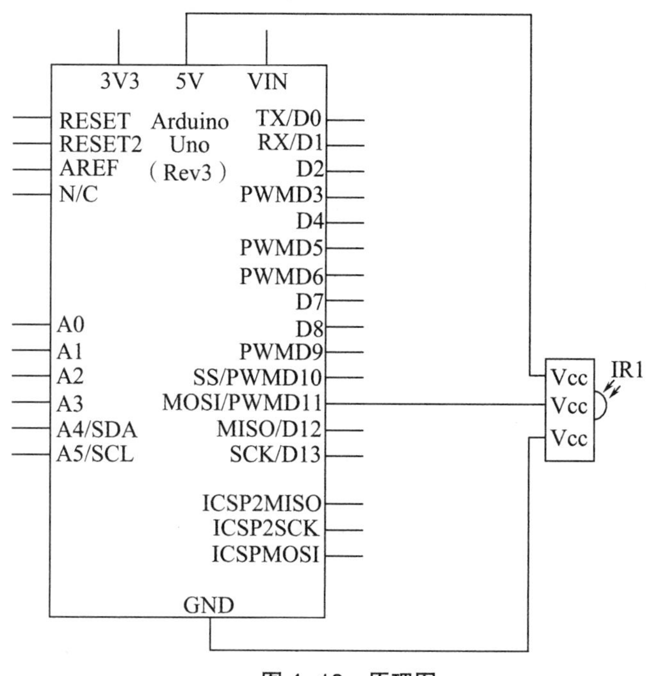

图 4-19　原理图

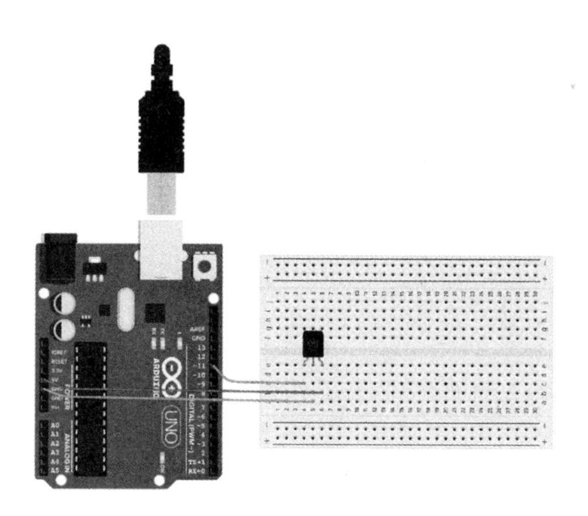

图 4-20　接线图

红外发射程序：

```
int LED_IR = 6;                // 红外发射头引脚定义，这里需要使用有 PWM 功
能的引脚
// 初始化
void setup() {
```

```
  pinMode(LED_IR, OUTPUT); // led 引脚定义位输出
}
// 主循环
void loop() {
  IR_Send38KHZ(3000,1);
  // 发射 38Khz 信号
  IR_Send38KHZ(3000,0);
  // 停止发射 38KHz 信号
}
void IR_Send38KHZ(int x,int y)
  // 产生 38KHZ 红外脉冲
{
  for(int i=0;i<x;i++)          //15=386uS 大致计算值
  {
    if(y==1)
    {
      digitalWrite(LED_IR,1);
      delayMicroseconds(9);
      digitalWrite(LED_IR,0);
      delayMicroseconds(9);
    }
    else
    {
      digitalWrite(LED_IR,0);
      delayMicroseconds(20);
    }
  }
}
```

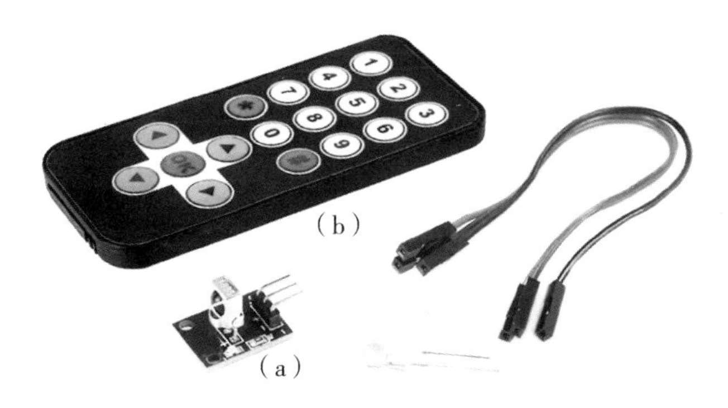

图 4-21　红外接收头与红外遥控器

图 4-21 这套元件是红外接收头（a）和红外遥控器（b），遥控器按一下，红外接收头接收到并让 UNO 执行相应的操作。红外遥控工作时，向红外接收头发射红外信号，红外接收头接收到信号后，经过分析解码发射信号，得到遥控发射器按键的键值编码，主程序根据收到按键的键值编码做出相应的反应控制。红外遥控器是家居常用来控制电视、空调、风扇、音响等家电的控制装置。

Arduino 与红外遥控连接需要 IRremote 库文件。操作步骤：点击 Arduino IDE 工具选择管理库，搜索 IRremote 选择 IRRemoteControl 安装，如果安装不成功，可以尝试其他办法。

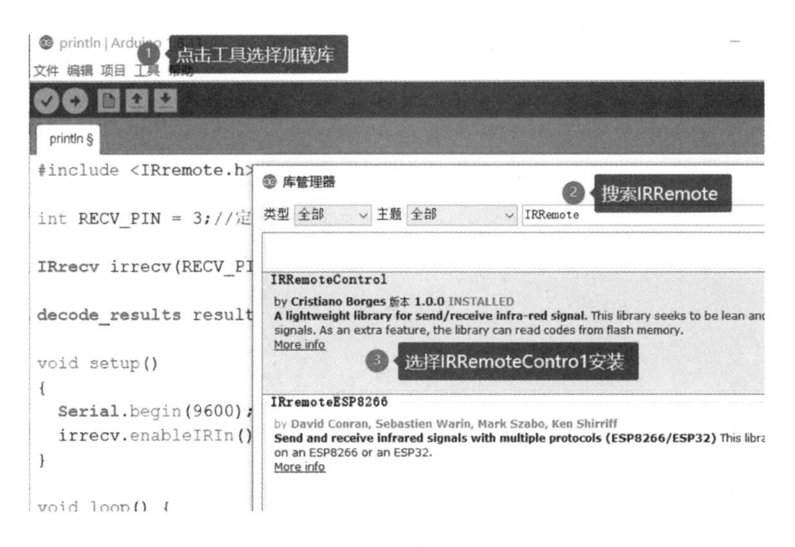

图 4-22　IDE 中库管理器安装库文件

```
#include <IRremote.h>                    // 调用红外遥控对应的库
int RECV_PIN = 11;                       // 定义红外接口引脚
int ledpin = 10;                         // 定义 LED 接口引脚
```

```
boolean ledstate = LOW;
IRrecv irrecv(RECV_PIN);                    // 创建一个红外线接收对象 irrecv
decode_results results;
void setup()
{
 pinMode(ledpin, OUTPUT);
 Serial.begin(9600);
 irrecv.enableIRIn(); // Start the receiver 启动红外解码
}
void loop()
{
 if (irrecv.decode(&results))
      {
  Serial.print("bits: ");
  Serial.println(results.bits);}                    // 红外线码元位数
  Serial.print("IRCode: ");
  Serial.println(results.value,HEX);
  ledstate = !ledstate;
   digitalWrite(ledpin,ledstate); // 通过 LED 的亮灭变化直接知晓是否按键这个
动作被接收到。
  irrecv.resume();
 }
}
```

通过上面的代码，可以得出每一个按钮对应红外解码（十六进制）的列表，下面代码实现用串口显示所按遥控器按钮名称的功能。

功能：按下按键，串口显示对应按键名称，代码如下：

```
// 红外遥控，串口显示所按的遥控器按钮的名称
#include <IRremote.h>
int RECV_PIN = 11;              // 定义红外接口引脚
IRrecv irrecv(RECV_PIN);
```

```
decode_results results;
void IRdisplay(unsigned long value)
{
  switch(value)
  {
  case 0xFFA25D:Serial.println("CH-");break;
  case 0xFF629D:Serial.println("CH");break;
  case 0xFFE21D:Serial.println("CH+");break;
  case 0xFF22DD:Serial.println("PREV");break;
  case 0xFF02FD:Serial.println("NEXT");break;
  case 0XFFC23D: Serial.println("PLAY/PAUSE");break;
  case 0xFFE01F:Serial.println("-");break;
  case 0xFFA857:Serial.println("+");break;
  case 0xFF906F:Serial.println("EQ");break;
  case 0xFF6897:Serial.println("0");break;
  case 0xFF9867:Serial.println("FOL-");break;
  case 0xFFB04F:Serial.println("FOL+");break;
  case 0xFF30CF:Serial.println("1");break;
  case 0xFF18E7:Serial.println("2");break;
  case 0xFF7A85:Serial.println("3");break;
  case 0xFF10EF:Serial.println("4");break;
  case 0xFF38C7:Serial.println("5");break;
  case 0xFF5AA5:Serial.println("6");break;
  case 0xFF42BD:Serial.println("7");break;
  case 0xFF4AB5:Serial.println("8");break;
  case 0xFF52AD:Serial.println("9");break;
  }
 }
void setup()
{
 Serial.begin(9600);
```

```
  irrecv.enableIRIn(); // Start the receiver
}
void loop()
{
  if (irrecv.decode(&results))
  {// 判断是否接收到红外码，并把红外解码的结果放在 results 里面
   IRdisplay(results.value);// 调用 IRdisplay 函数
   irrecv.resume(); // 等待接收下一组信号
  }
}
```

4.6 I²C 总线

4.6.1 I²C 总线简介

I²C 总线是由 Philips 公司开发的一种简单、双向二线制同步串行总线。它只需要两根线即可在连接与总线上的器件之间传送信息。现有 1000 余种设备支持 I²C 总线，如温度传感器、时钟芯片、液晶屏驱动芯片、EEPROM、多路复用芯片、GPIO 扩展芯片、LED 控制芯片、缓冲芯片等。

I²C 总线的两路连线是 SDA 和 SCL，它们都可以在 Arduino UNO 标准板上找到，模拟引脚 5 复用 SCL，它提供了一个时钟信号，模拟引脚 4 复用 SDA，用于数据传送。在 I²C 总线上的任一设备都可作为主设备，其他 I²C 设备为从设备。在 I²C 总线上只能有一个主设备，控制连接其他 I²C 通信模块。以 Arduino 主板为主设备，最多可接 128 个从设备。每个从设备在总线上的地址都是唯一的，如图 4-23 所示。

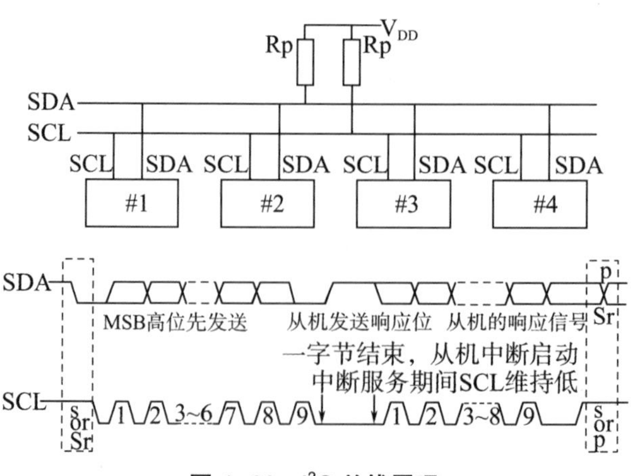

图 4-23 I²C 总线原理

4.6.2　相关指令

Arduino IDE 自带了一个第三方类库 Wire。Wire 库中包含了 I^2C 的基本功能函数，只需要使用简单的命令就可以初始化 I^2C 总线并与其他设备进行通信。

● begin( )

功能：初始化 I^2C 连接，并作为主机或从机加入总线

语法：

Wire.begin（）

Wire.begin（address）

参数：address，一个 7 位的地址，当函数不带参数时，默认是以主机模式加入 I^2C 总线；当填写了参数时设备会以从机模式加入 I^2C 总线，address 可以设置成 0 ~ 127 中的任意地址。

返回值：无

● requestFrom( )

功能：主机向从机发送数据请求信号，使用 requestFrom( ) 后，从机端可以使用 onRequest( ) 注册一个事件以响应主机的请求；主机可以通过 available( ) 和 read( ) 函数读取这些数据。

语法：

Wire.requestFrom(address,quantity)

Wire.requestFrom(address,quantity,stop)

参数：

address，需要获取数据的从设备地址；

quantity，获取的字节数；

stop，boolean 型值，当其值为 true 时将发送一个停止信息，释放 I^2C 总线。当为 false 时将发送一个重新开始信息，并保持 I^2C 总线的有效连接。

返回值：无

● beginTransmission( )

功能：（主机）传输数据到指定的从机地址，随后可以使用 write() 函数发送数据，并搭配 endTransmission() 函数结束数据传输。

语法：Wire.beginTransmission(address)

参数：address，要发送数据的从机的 7 位地址

返回值：无

● endTransmission( )

功能：（主机）结束数据传输

语法：

Wire.endTransmission( )

Wire.endTransmission(stop)

参数：stop，boolean 型值，当其值为 true 时将发送一个停止信息，释放 I^2C 总线，当没有填写 stop 参数时，等效于使用 true；当其值为 false 时，将发送一个重新开始信息，并继续保持 I^2C 总线的有效连接。

返回值：byte 型值，表示本次传输的状态。

0，发送成功；

1，数据过长，超出发送缓冲区；

2，在地址发送时接收到 NACK 信号；

3，在数据发送时接收到 NACK 信号；

4，其他错误。

● write( )

功能：当为主机状态时，主机将要发送的数据加入发送队列；当为从机状态时，从机发生数据至发起请求的主机。

语法：

Wire.write(value)

Wire.write(string)

Wire.write(data,length)

参数：

value，以单字节发送

string，以一系列字节发送

data，以字节形式发送数组

length，传输的字节数

返回值：byte 型值，返回输入的字节数

● available( )

功能：返回接收到的字节数，在主机中，一般用于主机发送数据请求后；在从机中，一般用于数据接收事件中，作用类似于 Serial.available( ) 函数。

语法：Wire.available( )

参数：无

返回值：可读字节数

● read( )

功能：读取 1B 的数据，在主机中，当使用 requestFrom( ) 函数发送数据请求信号后，需要使用 read( ) 函数来获取数据；在从机中需要使用该函数读取主机发送来的数据。

语法：Wire.read( )

参数：无

返回值：读到的字节数据

● onReceive( )

功能：该函数可在从机端注册一个事件，当从机收到主机发送的数据时即被触发。

语法：Wire.onReceive(handle)

参数：handle，当从机接收到数据时可被触发的事件，该事件带有一个 int 型参数（从主机读到的字节数）且没有返回值，如 void myHandle(int numBytes)

返回值：无

● onRequest( )

功能：注册一个事件，当从机接收到主机的数据请求时触发。

语法：Wire.onRequest(handle)

参数：handle，可被触发的事件，该事件不带参数和返回值，如 void myHandle( )

返回值：无

4.6.3　I²C 通信实验

为了清楚讲解 I²C 的通信方式，本节采用 I²C 总线连接两个 Arduino 板。它们可以组成 Master Transmitter / Slave Receiver（主发射器 / 从接收器模式），Master Receiver / Slave Transmitter（主接收器 / 从发射器模式）。

● 主发射器 / 从接收器模式

主发射器使用的函数有：

Wire.begin（地址），未指定地址，它将作为主机加入总线。

Wire.beginTransmission（地址），开始向指定地址的 I²C 从设备发送数据。

Wire.write（值），用于从主设备传输到从设备的队列字节（在 beginTransmission() 和 endTransmission() 之间的调用）。

Wire.endTransmission()，结束由 beginTransmission() 开始的对从设备的传输，并传输由 wire.write() 排队的字节。

示例

```
#include <Wire.h> //include wire library
void setup() //this will run only once
{
  Wire.begin(); // 以主设备加入总线
}
short age = 0;
void loop()
{
  Wire.beginTransmission(2); // 开始向 #2 设备发送数据
  Wire.write("age is = ");// 发送内容
  Wire.write(age); // 发送内容
  Wire.endTransmission(); // 结束发送
  delay(1000);
}
```

从接收器使用的函数有：

Wire.begin（地址），指定地址 2，作为从地址加入总线。

Wire.onReceive（收到的数据处理程序函数名称），当从设备从主设备接收数据时调用的函数。

Wire.available()，返回 Wire.read() 可用于检索的字节数，应在 Wire.onReceive() 处理程序中调用。

示例

```
#include <Wire.h>
void setup()
{
  Wire.begin(2);                    // 以 #2 地址加入总线，作为从设备
  Wire.onReceive(receiveEvent);     // 声明当收到信息调用 receiveEvent 函数
  Serial.begin(9600);
}
```

```
void loop()
{
  delay(250);
}
// 当从主设备收到数据时调用此函数
void receiveEvent()
{
  while (Wire.available()>1)
   {
    char c = Wire.read();                    // 读缓存中的内容
    Serial.print(c);                         // 串口输出
  }
}
```

● 主接收器 / 从发射器模式

主设备被编程为接收器，读取从唯一寻址的从设备发送的数据字节。使用以下函数：

Wire.requestFrom（地址，字节数），主设备用于请求从设备的字节。然后可以使用函数 - wire.available() 和 wire.read() 检索字节。

```
#include <Wire.h>
void setup()
{
  Wire.begin();                              // 以主设备加入总线
  Serial.begin(9600);
}
void loop()
{
  Wire.requestFrom(2, 1);                    // 从 #2 设备请求 1 个字节
  while (Wire.available())
    {
    char c = Wire.read();                    // 读取缓存
```

```
    Serial.print(c);                    // 串口显示
    }
  delay(500);
}
```

从设备发射器使用以下函数：

Wire.onRequest（处理程序），当主设备从此从设备请求数据时调用该函数。

```
#include <Wire.h>
void setup()
{
  Wire.begin(2);                    // 以 #2 为地址加入总线
  Wire.onRequest(requestEvent);     // 请求响应函数
}
Byte x = 0;
void loop()
{
  delay(100);
}
void requestEvent()
{
  Wire.write(x);                    // 响应 1 个字节的数据
  x++;
}
```

图 4–24 显示了两个 Arduino 板之间的 I^2C 连接。此外，它还显示了 LED 与从属 Arduino 的 D13 的连接。通过一个 220Ω 限流电阻器将 LED 的阳极引脚与 Arduino 数字引脚 13 连接起来，阴极引脚将接地。

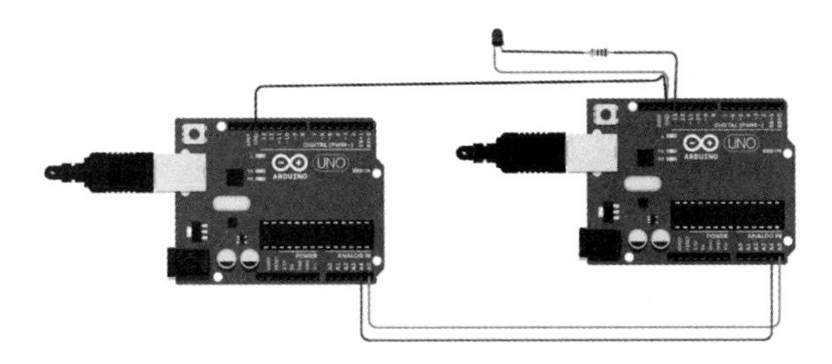

图 4-24　两个 Arduino 板之间的 I²C 连接

接下来，要启用 I²C 通信，请将主 Arduino 的 I²C 引脚 A4 和 A5 连接到从设备 Arduino 的 I²C 引脚。之后通过使用跳线共享两个 Arduino 板的接地。建立连接后，将从站和主站的代码上传到 Arduino 板。

Arduino I²C 主机代码：

```
#include <Wire.h>
int LED=13;
int x = 0;
void setup()
{
 Wire.begin();
 Serial.begin(9600);
 pinMode(LED,OUTPUT);
}
void loop()
{
 Wire.beginTransmission(9);
 Wire.write(x);
 Wire.endTransmission();
 x++;
 if (x > 6)
 {
  x = 0;
 }
 delay(200);
}
```

Arduino I^2C 从机代码：

```
#include <Wire.h>
int LED = 13;
int x = 0;
void setup()
{
 pinMode (LED, OUTPUT);
 Wire.begin(9);
 Wire.onReceive(receiveEvent);
 Serial.begin(9600);
}
void receiveEvent(int bytes)
{
 x = Wire.read();
}
void loop()
{
 if (x <= 3)
 {
  digitalWrite(LED, HIGH);
 }
 else
 {
  digitalWrite(LED, LOW);
 }
}
```

4.7 Matlab 与 Arduino 连接的方法

Matlab 是一款简单易用的运算软件，可以快速进行信号处理、实时控制。为了方便后续使用 Arduino 进行信号测试与分析，因此，增加 Matlab 与 Arduino 连接方法和案例。

Matlab 和 Arduino 的连接方式总共有以下 4 种：

（1）Matlab Arduino Support package（Arduino 作为执行机）；

（2）Simulink Arduino Support package（用 simulink 对 Arduino 进行类似于图形化编程，然后直接由 simulink 烧写到 Arduino）；

（3）Matlab 的串口通信（通用）；

（4）Simulink 的串口通信（通用）。

4.7.1　通过 Matlab Arduino Support package 连接 Arduino

Matlab Arduino Support Package 支持包是为了实现 Matlab 与 Arduino 之间的串口通信。也就是说，在 Arduino 板上提前烧写服务器程序（Server program），监听串口的命令，之后便可通过 Matlab 命令对其直接操作。该支持包支持控制板 UNO、MEGA2560、Duemilanove。可以在 Matlab 官网下载，地址 http://www.mathworks.de/hardware-support/arduino-matlab.html。点击下方的 Requirement 框里的“MATLAB Support Package for Arduino”，在新打开的网页中在右边点击 Download Submission 即可。

下载后解压，把解压文件里的 pde/adiosrv/adiosrv.pde 文件用 Arduino IDE 烧写到 Arduino 控制板上。把 Matlab 的工作路径修改到 ArduinoIO 文件夹。这样配置就算完成了。

用一个 1k 欧的可调电阻串联一个 1k 欧的电阻，用 Matlab 完成一个简易的 USB 示波器。

图 4-25　接线图

将下面的代码直接复制到 Matlab 命令框，即可运行。

```
interval = 10000;
pass = 1;
time = 1;
```

```
s = 0;
while(time<interval)
b = a.analogRead(5)*10;          % 模拟通道 A5，把读到的值放大 10 倍
s = [s,b];
plot(s);
grid
time = time+pass;
drawnow;
end
```

从模拟端口 A5 读的值会实时的画在图上，效果如图 4–26 所示。可以自己手动调整可调电阻阻值，即可在 plot 窗口观察阻值变化。

4.7.2 采用 Simulink Arduino Support Package 连接 Arduino

利用 Simulink 进行类似于图形化编程，然后直接由 Simulink 烧写到 Arduino，这就变成了模块化编程。在硬件支持包中找到 Get Hardware Support Packages，如图 4–26 所示，根据安装提示安装。

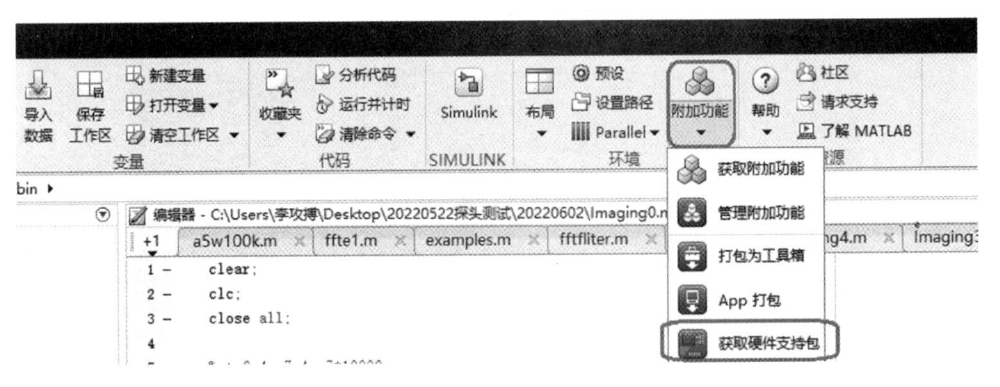

图 4–26　获取硬件支持包

也可以直接把压缩包中的 Arduino.mlpkginstall 直接拖到 Matlab 命令框中，然后按提示开始安装。打开 Simulink Library，如图 4–27，可以在左边看到 Simulink Support Package for Arduino Hardware。

图 4–27　simulink library

点击就可以看到函数的模块了，如图 4-28 所示。

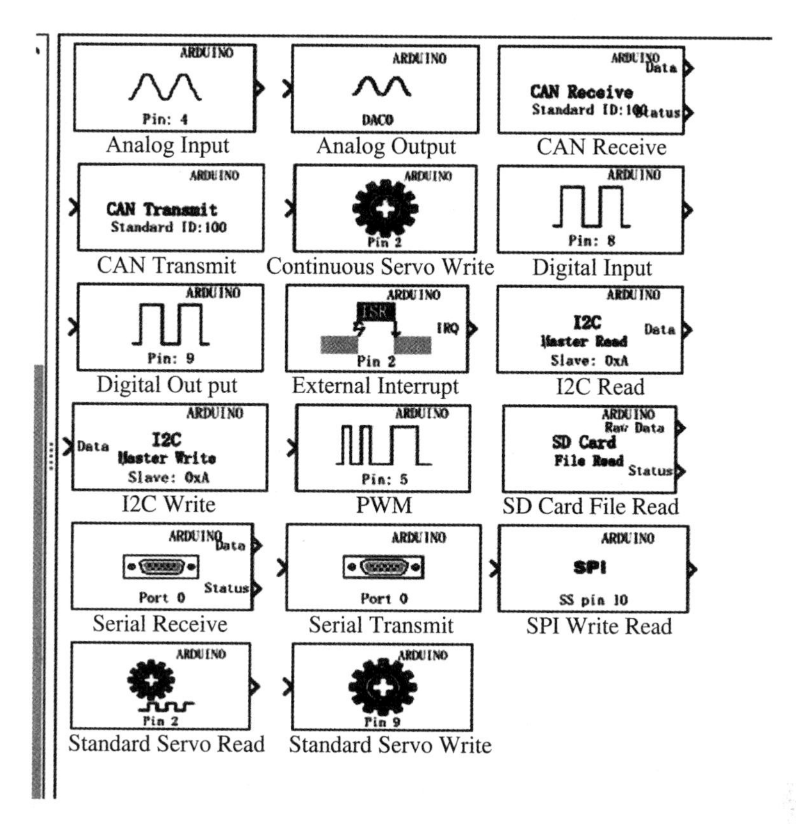

图 4-28　函数模块

新建一个 Simulink 项目，选一个 Digital Output 和一个 Pulse Generator（在 Simulink/sources 里面），如图 4-29 所示连接好。

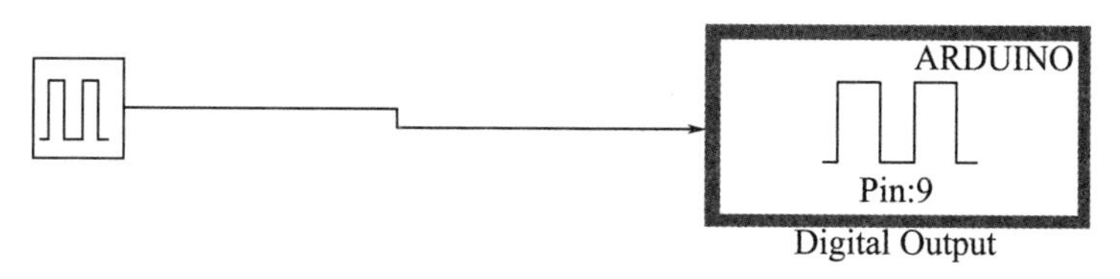

图 4-29　新建 Simulink 项目

设置 Pulse Geneartor 频率、占空比等，双击 Digital Output 修改相应的 Pin Number，设置完以后可以开始烧录，打开配置窗口选择对应的控制板型号，然后设置端口（可以选自动或手动）、设置波特率（相当于 IDE 编程时 Setup），设置完成点击保存。回到 Simulink 编辑窗口，按下图点击“Run”开始烧写，如果配置的 Arduino 型号或端口不正确，烧写会出现错误，点击“Run”下面的 Options 重新配置。

4.7.3 Matlab 通过串口与 Arduino 通信

当 Arduino 编好了程序，希望在 Matlab 中调用串口读取数据。此时要用到 Matlab 里的串口对象 Serial。以简易示波器为例，Arduino 代码如下：

```
int analogPin = 5;
int val = 0;
void setup(){
  Serial.begin(9600);
}
void loop()
{
  val = analogRead(analogPin);
  Serial.println(val);
}
```

要实现 Matlab 的即时读取和画图，Matlab 代码如下：

```
s = serial('COM3');            // 串口设置
set(s,'BaudRate',9600);          // 设置参数
fopen(s);
interval = 10000;
pass = 1;
time = 1;
x = 0;
while(time <interval)
b = str2num(fgetl(s));
x = [x,b];
plot(x);
   grid
time = time +pass;
drawnow;
end
fclose(s);
```

4.7.4 Simulink 通过串口与 Arduino 连接

Simulink 通过串口与 Arduino 连接就是在 Simulink 上访问串行监视器的发送和接收功能，利用 Serial.println()，然后 Simulink 打开串口，读取文件数据流。

4.8 习题

1. 下列常用扩展硬件属于传感器的是（　　）。

A. 舵机　　B. LED 显示屏　　C. L298N　　D. DHT11

2. 关于 RS-04 超声测距模块，下列说法错误的是（　　）。

A. 必须给 Echo 端子 10us 的低电平信号，以触发模块测距功能

B. Trig 端子是触发端子

C. Echo 端子是回馈端子

D. 该模块发出的超声波脉冲频率为 40kHz

3. 在 Arduino 中，读取一个引脚脉冲持续时间，用的指令是（　　）。

A. pluseIn　　B. highIn　　C. analogRead　　D. tone

4. DHT11 模块的作用是（　　）。

A. 亮度测量　　B. 距离测量　　C. 温湿度测量　　D. 振动测量

5. 舵机的转角是通过控制脉冲信号中（　　）控制。

A. 高电平持续时间

B. 低电平持续时间

C. 高低电平

D. 以上都不对

6. 尝试使用 ULN2003 控制直流电机转动。

7. 尝试使用 ULN2003 和电位器控制步进电机。

8. 尝试使用舵机和超声模块制作超声雷达，并借助 processing 在电脑上显示雷达图。

第 5 部分　综合案例

5.1　电子琴弹奏《小星星》

5.1.1　总体设计

电子琴又称作电子键盘，属于电子乐器，发音音量可以自由调节，常用于独奏主旋律并伴以丰富的和声。电子琴也常作为独奏乐器出现，具有鲜明的特色。本项目将用 Arduino 完成一个简易电子琴玩具的制作，并用该电子琴弹奏歌曲《小星星》。

想要演奏音乐，就需要多个音符。一个音符即是一个特定频率的波形。波形的不同频率造就了每个音符的独特声音。用 Arduino 控制蜂鸣器或其他扬声器播放音调，需要使用 tone() 函数，顾名思义，tone 即是音调的意思。

tone() 函数可以在指定引脚上产生指定频率（和 50% 占空比）的方波。可以指定持续时间，否则波形将持续播放，直到调用 noTone() 停止。tone() 函数具体有两种使用方式：

```
tone(pin, frequency)
tone(pin, frequency, duration)
```

pin: 用于生成音调的 Arduino 引脚；frequency: 以赫兹为单位的音调频率；duration: 音符持续时间。如果全音符的时值是 1 s，可以用（1000/ 几分音符）来计算时值，例如四分音符持续时间就是 1000/4=250 ms。

由于模拟按键干扰较大，本例采用数字量矩阵键盘来作为输入，七个按键分别对应音乐中的七个基本音级。一个按键按下后，核心板控制蜂鸣器发出相应的声音。

5.1.2　主程序

该电子琴需要的主要器件为 Arduino 核心板、数字量矩阵键盘、蜂鸣器和杜邦线。矩阵按键中的 7 个数字按钮对应乐谱中的七个音级，依照乐谱按下相应的按钮，蜂鸣器便可以演奏相应的音乐。分别将矩阵键盘的八个引脚连接到数字 I/O 口 2，3，4，5，6，7，8，9 端，蜂鸣器连接到 13 端，连线图如图 5-1 所示。

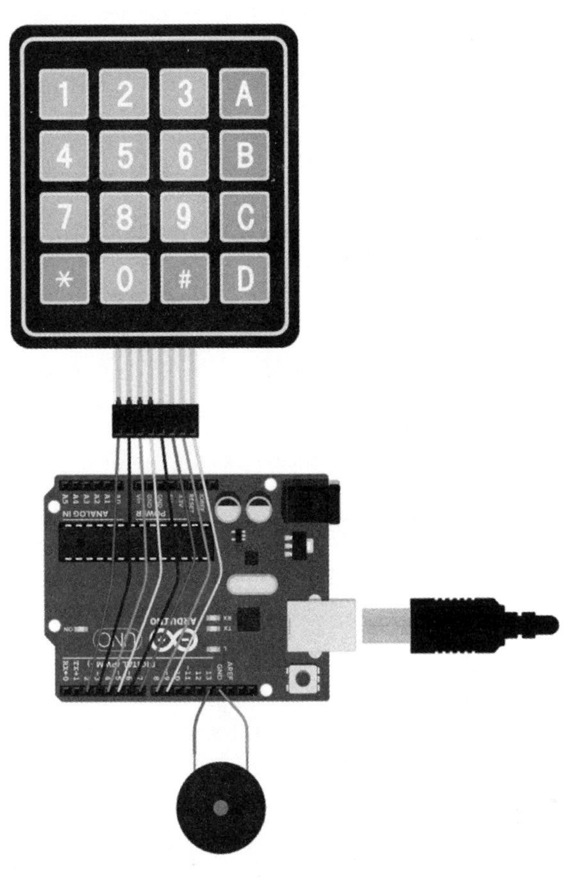

图 5-1　电子琴连线图

参考程序：

```
#include "pitches.h"// 调用音阶频率定义的头文件
const int numRows = 4;// 定义 4 行
const int numCols = 4;// 定义 4 列
const int debounceTime = 20;// 定义去抖动时间长度
int melody[] = {NOTE_C4,NOTE_D4,NOTE_E4,NOTE_F4,NOTE_G4,NOTE_
A4,NOTE_B4,NOTE_C5,};
const char keymap[numRows][numCols]= {// 键值，可以按需要更改
  { '1','2','3','A' },
  {'4','5','6','B' },
  {'7','8','9','C' },
  {'*','0','#','D' }
```

```
};
const int rowPins[numRows] = {2,3,4,5};// 设置硬件对应的引脚
const int colPins[numCols] = {6,7,8,9};
// 初始化功能
void setup(){
Serial.begin(9600);
for(int row = 0; row < numRows; row++){
  pinMode(rowPins[row],INPUT);
  digitalWrite(rowPins[row],HIGH);
}
for(int column = 0;column < numCols; column++){
   pinMode(colPins[column],OUTPUT);
   digitalWrite(colPins[column],HIGH);
 }
}
// 主循环
void loop() {
   // 添加其他的程序，循环运行
   char key = getkey();
   if(key !=0){
     int keyValue=key;
     tone(13, melody[keyValue-49]);
    Serial.print("Got key ");// 串口打印键值
    Serial.println(key);
  }
 if(key == 0){
   noTone(13);
  }
 }
// 读取键值程序
char getkey(){
```

```
  char key = 0;
  for(int column = 0;column < numCols; column++){
   digitalWrite(colPins[column],LOW);
   for(int row = 0 ;row < numRows; row++){
    if(digitalRead(rowPins[row]) == LOW){ // 是否有按键按下
     delay(debounceTime);
     if(digitalRead(rowPins[row]) == LOW){  // 是否依然按下
       key = keymap[row][column];
     }
    }
   }
   digitalWrite(colPins[column],HIGH); //De-active the current column
  }
  return key;
}
```

子程序（部分），命名为 "pitches.h"。

```
/*************************************************
 * Public Constants
 *************************************************/
#define NOTE_B0 31
#define NOTE_C1 33
#define NOTE_CS1 35
#define NOTE_D1 37
#define NOTE_DS1 39
#define NOTE_E1 41
#define NOTE_F1 44
#define NOTE_FS1 46
#define NOTE_G1 49
#define NOTE_GS1 52
#define NOTE_A1 55
```

```
#define NOTE_AS1 58
#define NOTE_B1 62
#define NOTE_C2 65
#define NOTE_CS2 69
#define NOTE_D2 73
#define NOTE_DS2 78
#define NOTE_E2 82
#define NOTE_F2 87
#define NOTE_FS2 93
#define NOTE_G2 98
#define NOTE_GS2 104
#define NOTE_A2 110
#define NOTE_AS2 117
#define NOTE_B2 123
#define NOTE_C3 131
#define NOTE_CS3 139
#define NOTE_D3 147
#define NOTE_DS3 156
#define NOTE_E3 165
#define NOTE_F3 175
#define NOTE_FS3 185
#define NOTE_G3 196
#define NOTE_GS3 208
#define NOTE_A3 220
#define NOTE_AS3 233
#define NOTE_B3 247
#define NOTE_C4 262
#define NOTE_CS4 277
#define NOTE_D4 294
#define NOTE_DS4 311
#define NOTE_E4 330
```

```
#define NOTE_F4 349
#define NOTE_FS4 370
#define NOTE_G4 392
#define NOTE_GS4 415
#define NOTE_A4 440
#define NOTE_AS4 466
#define NOTE_B4 494
#define NOTE_C5 523
#define NOTE_CS5 554
#define NOTE_D5 587
#define NOTE_DS5 622
#define NOTE_E5 659
#define NOTE_F5 698
#define NOTE_FS5 740
#define NOTE_G5 784
#define NOTE_GS5 831
#define NOTE_A5 880
#define NOTE_AS5 932
#define NOTE_B5 988
#define NOTE_C6 1047
#define NOTE_CS6 1109
#define NOTE_D6 1175
#define NOTE_DS6 1245
#define NOTE_E6 1319
#define NOTE_F6 1397
#define NOTE_FS6 1480
#define NOTE_G6 1568
#define NOTE_GS6 1661
#define NOTE_A6 1760
#define NOTE_AS6 1865
#define NOTE_B6 1976
```

```
#define NOTE_C7 2093
#define NOTE_CS7 2217
#define NOTE_D7 2349
#define NOTE_DS7 2489
#define NOTE_E7 2637
#define NOTE_F7 2794
#define NOTE_FS7 2960
#define NOTE_G7 3136
#define NOTE_GS7 3322
#define NOTE_A7 3520
#define NOTE_AS7 3729
#define NOTE_B7 3951
#define NOTE_C8 4186
#define NOTE_CS8 4435
#define NOTE_D8 4699
#define NOTE_DS8 4978
```

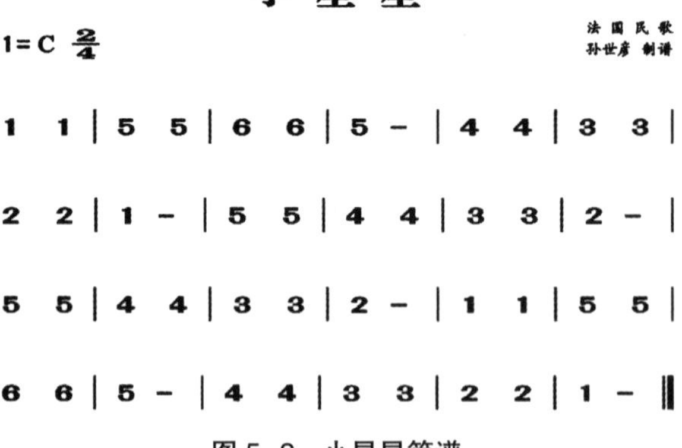

图 5-2 小星星简谱

接下来就请弹奏《小星星》并欣赏自己的演奏吧。感兴趣的同学可以定义更多的音阶，从而弹奏其他复杂的歌曲。

5.2 光敏电阻控制灯 / 电动窗帘

光敏电阻控制灯 / 电动窗帘的装置主要运用了一个光敏电阻，一块 Arduino UNO 核心板，两个继电器和两个对射式计数传感模块（以下简化为光电门）。利用光敏电阻收集所需要的光强度信号以确定是否拉开或关闭窗帘，选用继电器来实现控制电机正反转，通过光电门来限制电机在完成拉开或关闭窗帘后的运动。

参考程序：

```
//引脚定义
const int analogInPin = A0; // 模拟输入引脚
const int analogOutPin = 9; //  PWM 输出引脚
const int LEDOutPin=11;
int sensorValue = 0;        // 电位器电压值
int outputValue = 0;        // 模拟量输出值（PWM）
void setup() {
 // 初始化串口参数
 Serial.begin(9600);
 pinMode(LEDOutPin,LOW);
}
void loop() {
 // 读取模拟量值
 sensorValue = analogRead(analogInPin);
 // 变换数据区间
 outputValue = map(sensorValue, 0, 1023, 0, 255);
 if(outputValue<40){
   // 输出对应的 PWM 值
  analogWrite(analogOutPin, outputValue);
  analogWrite(LEDOutPin, outputValue);
 }
 else{
     analogWrite(analogOutPin, 0);
  analogWrite(LEDOutPin, 0);
  }
 // 打印结果到串口监视器
 Serial.print("sensor = " );
 Serial.print(sensorValue);
```

```
  Serial.print("\t output = ");
  Serial.println(outputValue);
  // 等待 2ms 进行下一个循环
  // 取保能稳定读取下一次数值
  delay(2);
}
```

课后拓展：

假设在上面的案例中，天色暗下来电动机转动拖动窗帘，那么，窗帘闭合后应该要停止继续拖动。尝试用延时的方法解决此问题；电动机拖动窗帘闭合，当天亮时还要拉开，试设计程序。

5.3 指纹识别

5.3.1 总体设计

设计一个基于 Arduino 开发板控制的指纹识别输入。指纹是人类手指末端指腹上由凹凸的皮肤所形成的纹路，由于每个人的遗传基因均不同，故指纹也不同。并且它们的复杂度足以提供用于鉴别的足够特征。AS608 指纹识别模块的核心是指纹识别芯片，芯片内置 DSP 运算单元，集成了指纹识别算法，能高效快速采集图像并识别指纹特征。同时，模块配备了串口、USB 通信接口，用户无需研究复杂的图像处理及指纹识别算法，只需通过简单的串口、USB 按照通信协议便可控制模块。本模块可应用于各种考勤机、保险箱柜、指纹门禁系统、指纹锁等场合，实物如图 5-3 所示。

图 5-3　识别模块 AS608

5.3.2　硬件连接

AS608 指纹识别模块主要是指采用了 AS608 指纹识别芯片而做成的指纹模块，模块厂商只是基于该芯片设计外围电路，集成一个可供 2 次开发的指纹模块。所以，只要是基于 AS608 芯片的指纹模块，其控制电路及控制协议几乎是一样的。系统电路引脚连线如表 5-1 所列。

表 5-1　引脚定义

<table>
<tr><th>元件</th><th>引脚</th><th>Arduino 开发板</th></tr>
<tr><td rowspan="5">AS608</td><td>红线</td><td>5V</td></tr>
<tr><td>蓝线</td><td>5V</td></tr>
<tr><td>绿线</td><td>2</td></tr>
<tr><td>白线</td><td>3</td></tr>
<tr><td>黑线</td><td>GND</td></tr>
</table>

5.3.3　相关程序

指纹识别系统经过人工识别到机器识别的发展之后，进入自动识别阶段，称为自动指纹识别系统（AFIS）。一个典型的自动指纹识别系统，包括与人交互的前端子系统——自动指纹采集设备、完成指纹图像处理和特征值提取的后台子系统，以及用于指纹库存储的数据库子系统。当后台子系统用于指纹注册过程时，可以称为指纹注册子系统。当它用于指纹辨识过程时，称为指纹辨识子系统。指纹注册又叫指纹登记。这是从指纹图像中提取指纹特征值，形成指纹特征值模板，并与人的身份信息结合起来，存储在指纹识别系统中的过程。

识别与验证并不是指纹识别算法领域的问题，而是指纹识别系统的问题。指纹识别是指在 1 ：N 模式下匹配指纹特征值。它是从多个指纹模板中识别出一个特定指纹的过程。其结果是，“有”或者“没有”。有时会给出“是谁”的信息。

指纹验证是指在 1 ：1 模式下匹配指纹特征值。它是拿待比对的指纹特征模板与事先存在的另一个指纹特征模板进行一次匹配的过程。其结果是“是不是”。在一个系统中既可以采用 1 ：1 模式也可以采用 1 ：N 模式，这是取决于应用系统的特点和要求。有时候还可以业务模式的需要，把 1 ：N 模式转化为 1 ：1 模式以提高系统安全性和比对速度。

（1）指纹录入相关代码：

```
// 完成了两次指纹录入过程，操作包括串口通信的初始化以及图像的获取与
转换。
#include <DYE_Fingerprint.h>                    // 自定义库函数
#include <SoftwareSerial.h>                     // 串口通信
SoftwareSerial mySerial(2, 3);                  // 自定义软件串口对象
DYE_Fingerprint finger = DYE_Fingerprint(&mySerial);
uint8_t id;                                     // 定义 8 位无符号整型数
void setup()
{
 Serial.begin(115200);                          // 初始化串口通信
 while (!Serial);
 delay(100);                                    // 延时
 Serial.println("\n\nFingerprint sensor enrollment");  // 从串口输出数据并换行
 finger.begin(57600);                           // 设置传感器串口数据速率
 if (finger.verifyPassword())                   // 库函数成立时
 {
   Serial.println("Found fingerprint sensor!");  // 输出字符并换行
 }
else {
   Serial.println("Did not find fingerprint sensor :(");
while (1) {
delay(1);                                       // 查找失败时，重复执行
时间延时
}}}
uint8_t readnumber(void) {
 uint8_t num = 0;
 while (num == 0) {
   while (! Serial.available());                // 判断数据是否送达串口
   num = Serial.parseInt();                     // 将串口接收的第一个有
效整数赋值
```

```
    }
    return num;                                          // 返回接收的有效数字
  }
  void loop()                                            // 循环函数
  {
    Serial.println("Ready to enroll a fingerprint!");   // 输出字符并换行
    Serial.println("Please type in the ID # (from 1 to 127) you want to save this finger
as...");
                                                         // 输出字符并换行
    id = readnumber();                                   // 赋值
    if (id == 0)
    {
      return;                                            // 输入 ID 序列不能为 0
    }
    Serial.print("Enrolling ID #");                      // 输出字符并换行
    Serial.println(id);                                  // 输出在串口监视器中输
入的 "ID"
    while (!  getFingerprintEnroll() );                  // 循环语句
  }
  uint8_t getFingerprintEnroll()
  {
    int p = -1;
    Serial.print("Waiting for valid finger to enroll as #");
  Serial.println(id);
    while (p != FINGERPRINT_OK)                          // 循环函数
    {
      p = finger.getImage();                             // 将库函数中的 getImage()
赋给 p
      switch (p)                                         // 条件函数
    {
      case FINGERPRINT_OK:                               // 符合条件时
```

```
    Serial.println("Image taken");      // 输出字符并换行
    break;                              // 跳出此层循环，此时获取图像成功
  case FINGERPRINT_NOFINGER:
    Serial.println(".");
    break;                              // 根据条件显示相应错误并跳出此循环
  case FINGERPRINT_PACKETRECIEVEERR:
    Serial.println("Communication error");
    break;                              // 根据条件显示相应错误并跳出此循环
  case FINGERPRINT_IMAGEFAIL:
    Serial.println("Imaging error");
    break;                              // 根据条件显示相应错误并跳出此循环
  default:                              // 以上条件都不符合时
    Serial.println("Unknown error");  // 输出相应字符并换行
    break;
  }
 }                                      // 获取图像成功
 p = finger.image2Tz(1);                // 将库函数中的 image2Tz() 赋给 p
switch (p)                              // 条件函数
{
  case FINGERPRINT_OK:                  // 符合条件时
    Serial.println("Image converted");// 输出字符并换行
    break;                              // 跳出条件函数
  case FINGERPRINT_IMAGEMESS:
    Serial.println("Image too messy");
    return p;                           // 返回 p 值
  case FINGERPRINT_PACKETRECIEVEERR:
    Serial.println("Communication error");
    return p;                           // 根据条件显示相应错误并返回
  case FINGERPRINT_FEATUREFAIL:
    Serial.println("Could not find fingerprint features");
    return p;                           // 根据条件显示相应错误并返回
```

```
    case FINGERPRINT_INVALIDIMAGE:
      Serial.println("Could not find fingerprint features");
      return p;                              // 根据条件显示相应错误并返回
    default:                                 // 以上条件都不符合时
      Serial.println("Unknown error");  // 输出字符并换行
      return p;
  }
// 转换图像成功 结束第一次指纹录入，开始第二次指纹录入
  Serial.println("Remove finger");
  delay(2000);// 延时
  p = 0;
  while (p != FINGERPRINT_NOFINGER)
{
    p = finger.getImage();
  }
  Serial.print("ID ");
Serial.println(id);
  p = -1;
  Serial.println("Place same finger again");
while (p != FINGERPRINT_OK)// 循环函数
{
    p = finger.getImage();// 将库函数中的 getImage() 赋给 p
switch (p) // 条件函数
{
    case FINGERPRINT_OK:// 符合条件时
      Serial.println("Image taken");// 输出字符并换行
      break;// 跳出此层循环，此时获取图像成功
    case FINGERPRINT_NOFINGER:
      Serial.println(".");
      break;// 根据条件显示相应错误并跳出此循环
    case FINGERPRINT_PACKETRECIEVEERR:
```

```
    Serial.println("Communication error");
    break;// 根据条件显示相应错误并跳出此循环
   case FINGERPRINT_IMAGEFAIL:
    Serial.println("Imaging error");
    break;// 根据条件显示相应错误并跳出此循环
   default:// 以上条件都不符合时
    Serial.println("Unknown error"); // 输出相应字符并换行
    break;
  }
 }
 p = finger.image2Tz(2);// 将库函数中的 image2Tz() 赋给 p
 switch (p) // 条件函数
{
  case FINGERPRINT_OK: // 符合条件时
    Serial.println("Image converted");// 输出字符并换行
    break; // 跳出条件函数
  case FINGERPRINT_IMAGEMESS:
    Serial.println("Image too messy");
    return p;// 返回 p 值
  case FINGERPRINT_PACKETRECIEVEERR:
    Serial.println("Communication error");
    return p;// 根据条件显示相应错误并返回
  case FINGERPRINT_FEATUREFAIL:
    Serial.println("Could not find fingerprint features");
    return p;// 根据条件显示相应错误并返回
  case FINGERPRINT_INVALIDIMAGE:
    Serial.println("Could not find fingerprint features");
    return p;// 根据条件显示相应错误并返回
  default: // 以上条件都不符合时
    Serial.println("Unknown error"); // 输出字符并换行
    return p;
```

```
  }
//第二次录入指纹完成
Serial.print("Creating model for #");
 Serial.println(id);

  p = finger.createModel();// 将库函数中的 createModel()) 赋给 p
  if (p == FINGERPRINT_OK)//if 条件函数
 {
   Serial.println("Prints matched!");// 输出字符并换行，两次指纹匹配成功
  }
else if (p == FINGERPRINT_PACKETRECIEVEERR)
 {
   Serial.println("Communication error");
   return p; // 返回 p 值
   }
else if (p == FINGERPRINT_ENROLLMISMATCH)
  {
   Serial.println("Fingerprints did not match");
   return p; // 根据条件显示相应错误并返回
   }
else// 以上条件均不满足时
 {
   Serial.println("Unknown error");// 输出字符并换行
   return p; // 返回 p 值
  }
  Serial.print("ID "); Serial.println(id);
  p = finger.storeModel(id);
  if (p == FINGERPRINT_OK)// 条件函数
  {
   Serial.println("Stored!");// 输出函数并换行，此时指纹被成功存储
  }
```

```
else if (p == FINGERPRINT_PACKETRECIEVEERR)
 {
   Serial.println("Communication error");
   return p;// 根据条件显示相应错误并返回
 }
 else if (p == FINGERPRINT_BADLOCATION)
 {
   Serial.println("Could not store in that location");
   return p;// 根据条件显示相应错误并返回
 }
 else if (p == FINGERPRINT_FLASHERR)
 {
   Serial.println("Error writing to flash");
   return p;// 根据条件显示相应错误并返回
 }
 else// 以上条件均不满足时
 {
   Serial.println("Unknown error");// 输出字符并换行
return p; // 返回 p 值
 }
}
```

（2）指纹匹配部分代码：

以下代码完成了模块的匹配功能，包括图像的获取与转换以及指纹匹配是否成功。

```
void loop()                    // 循环函数
{
 getFingerprintIDez();// 调用函数
 delay(50);           // 延时
}
uint8_t getFingerprintID()
```

```
{
 uint8_t p = finger.getImage();
switch (p) // 条件函数
{
   case FINGERPRINT_OK:// 符合条件时
    Serial.println("Image taken");// 输出字符并换行
    break;// 跳出此层循环，此时获取图像成功
   case FINGERPRINT_NOFINGER:
    Serial.println("No finger detected");
    return p; // 条件显示相应错误并返回 p 值
   case FINGERPRINT_PACKETRECIEVEERR:
    Serial.println("Communication error");
    return p; // 条件显示相应错误并返回 p 值
   case FINGERPRINT_IMAGEFAIL:
    Serial.println("Imaging error");
    return p; // 条件显示相应错误并返回 p 值
   default:// 以上条件都不符合时
    Serial.println("Unknown error");// 输出相应字符并换行
    return p;// 返回 p 值
 }
// 获取图像成功
 p = finger.image2Tz();// 将库函数中的 image2Tz() 赋给 p
 case FINGERPRINT_OK: // 符合条件时
    Serial.println("Image converted");// 输出字符并换行
    break; // 跳出条件函数
   case FINGERPRINT_IMAGEMESS:
    Serial.println("Image too messy");
    return p;// 返回 p 值
   case FINGERPRINT_PACKETRECIEVEERR:
    Serial.println("Communication error");
    return p; // 根据条件显示相应错误并返回
```

```
    case FINGERPRINT_FEATUREFAIL:
      Serial.println("Could not find fingerprint features");
      return p; // 根据条件显示相应错误并返回
    case FINGERPRINT_INVALIDIMAGE:
      Serial.println("Could not find fingerprint features");
      return p; // 根据条件显示相应错误并返回
    default: // 以上条件都不符合时
      Serial.println("Unknown error");// 输出字符并换行
      return p;
  }
  // 转换图像成功
  p = finger.fingerFastSearch();// 将库函数中的 fingerFastSearch() 赋给 p
  if (p == FINGERPRINT_OK) // 条件函数
 {
 Serial.println("Found a print match!");
 // 符合条件时，输出相应字符并换行，此时指纹匹配成功
  }
 else if (p == FINGERPRINT_PACKETRECIEVEERR
 {
   Serial.println("Communication error");
   return p; // 根据条件显示相应错误并返回
  }
 else if (p == FINGERPRINT_NOTFOUND)
 {
   Serial.println("Did not find a match");
   return p; // 根据条件显示相应错误并返回
  }
 else {// 以上条件都不符合时
   Serial.println("Unknown error");// 输出相应字符并换行
   return p;
  }
```

```
  // 找到匹配指纹
  Serial.print("Found ID #");
Serial.print(finger.fingerID); // 输出匹配指纹 ID
  Serial.print(" with confidence of ");
Serial.println(finger.confidence); // 输出匹配百分比
  return finger.fingerID;// 返回库函数
}
int getFingerprintIDez()
{
  uint8_t p = finger.getImage();
  if (p != FINGERPRINT_OK)
return -1;// 获取图像不成功时返回 -1
  p = finger.image2Tz();
  if (p != FINGERPRINT_OK)
return -1; // 转换图像不成功时返回 -1
  p = finger.fingerFastSearch();
  if (p != FINGERPRINT_OK)
return -1; // 匹配图像不成功时返回 -1
  Serial.print("Found ID #");
Serial.print(finger.fingerID);
  Serial.print(" with confidence of ");
Serial.println(finger.confidence);
  return finger.fingerID; // 匹配成功时，返回寻找到的指纹 ID 值
}
```

5.4　自动浇水

5.4.1　总体设计

自动浇水系统的工作原理是使用土壤水分检测模块检测土壤水分。当土壤水分低于花草生命适应的湿度时，自动启动水泵进行浇水作业。整个系统使用的配件是土壤湿度传感器、继电器和小型水泵。土壤水分传感器由不锈钢探针和防水探头构成，可长期埋设于土壤和堤坝内使用，如图 5-4 所示。土壤湿度传感器与数据采集器配合使

用，主要用于土壤墒情检测以及农业灌溉和林业防护。

YL-69 土壤湿度传感器和 LM393 模块是组合使用的。YL-69 是一种简单的土壤湿度传感器，其原理是湿度敏感电容器。当环境湿度发生变化时，会使环境中存在的湿度敏感电容器传感器中的介质发生变化，导致湿度敏感电容器中的电容值发生变化，电容值与湿度值成正比。由于湿度敏感电容器具有灵敏度高、响应速度快、滞后小等特点，因此易于小型化和集成湿度敏感电容器。LM393 是比较器，当正输入端大于负输入端子时（当没有负反馈时），输出值很高，即 Vcc。LM393 是打开收集器输出，因此输出终端需要连接到上拉电阻器 Vcc。当负输入端子的电压大于正输入终端的电压时，输出值较低，即 0V。

图 5-4　YL-69 土壤湿度传感器

5.4.2　主程序

整个系统的连接方法是土壤传感器连接到 LM393 模块，LM393 模块的 AO 端口连接到主板的 A0 端口，Vcc 连接到主板的 5V 端口，GND 连接到主板 GND，继电器控制端连接到主板的 D8。将模拟端口 A0 设置为信号输入端口，将继电器的控制引脚 8 设置为输出模式。可通过电位器调节土壤湿度的阈值，顺时针调节，控制的湿度会越大，逆时针越小；湿度低于设定值时，DO 输出高电平，模块提示灯亮；湿度高于设定值时，DO 输出低电平，模块提示灯灭。工作电压 3.3 V ~ 5 V。3 V 时，在空气中 AO 读取的值最大为 695，浸泡在水里的最小值 245；5 V 时，在空气中 AO 读取的值最大为 1023，浸泡在水里的最小值 245。因此，设置湿度传感器检测值阈值 700。当高于 700 时，它会激活继电器以控制小型水泵到水中抽水。

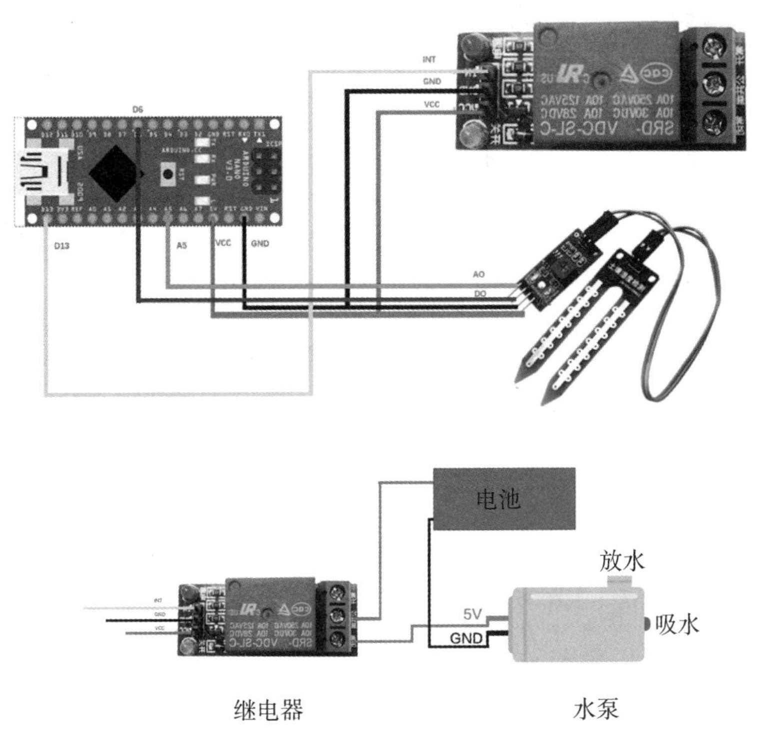

图 5-5　系统接线图

参考程序如下：

```
int sensorPin = 6;              // 传感器引脚 有水为 0；无水为 1
int pumpPin = 13;               // 设置继电器控制引脚为 8
int sensorValue = 0;            // 存放模拟信号量的变量
void setup() {
  pinMode(sensorPin,INPUT);
  pinMode(A0,INPUT);
  pinMode(pumpPin,OUTPUT);
  digitalWrite(pumpPin,HIGH);  // 初始水泵关闭
        Serial.begin(9600);          // 初始化串口波特率 9600
}
void loop() {
 sensorValue = analogRead(sensorPin);
// 如果传感器检测值为 1 表示没水 ;0 表示有水
 if(digitalRead(sensorPin)==1&& sensorValue >700)
```

```
{
  Serial.print(var);
  Serial.println(" 缺水状态！ ");
  digitalWrite(pumpPin,LOW);        // 水泵打开
  Serial.println(" 水泵打开 ");
  delay(1000);                  // 浇水 10 秒
  digitalWrite(pumpPin,HIGH);        // 水泵关闭
  Serial.println(" 水泵关闭 ");
  }
 else
  {
  digitalWrite(pumpin,HIGH);    // 水泵关闭
  Serial.print(sensorValue);
  Serial.println(" 不缺水！ 水泵关闭 ");
  }
}
```

思维拓展

大家可以尝试在本系统中添加 WiFi 模块，利用物联网开关实现智能浇花。可通过手机远程监控土壤湿度的值，根据土壤的湿度进行浇花。

5.5 半导体空调

半导体空调装置由三个模块组成。第一个模块是风扇模块，它由两个微型计算机冷却风扇和一个开关电源组成。其功能负责冷却风扇的电源和旋转。第二个模块是冷却模块，它有两个半米长的细长硅胶水渠，它是由一个微型水泵和一个矩形水导引通道组成。根据热力学原理，空调在制冷过程中一定会向外界释放热量。此模块的功能是带走冷藏芯片通过水中释放的热量。第三个模块是自动控制制冷模块，由三个散热器、两个半导体制冷芯片和一个核心板组成。该计划被导入到核心板，以控制半导体制冷芯片的开关。当温度高于 25℃时，智能芯片被控制以打开并开始制冷。当温度低于 25℃时，智能芯片被控制打开并开始制冷，控制关闭半导体制冷芯片。半导体制冷芯片如图 5-6 所示。

设备的工作过程如下：当温度高于 25℃时，温度和湿度传感器检测温度变化并将信号传输到主板程序进行分析，从而控制半导体制冷芯片打开并开始工作。半导体制冷芯片的智能侧开始冷却或释放热量。同时，冷却风扇旋转，水泵打开，半导体智能芯片背面发出的热量通过冷却风扇引入水中。制造空调，达到与空调类似的效果。由于芯片是大功率器件，无法用 UNO 主板直接驱动，采用开关电源作为电源，继电器作为控制开关，UNO 控制继电器动作。同时，风扇、水泵也采用同样的电路。因此，是 UNO 控制继电器线圈吸合，开关电源给半导体芯片、水泵、风扇、继电器线圈供电。

图 5-6　半导体制冷芯片

参考程序如下：

```
#define DHT11PIN 2
dht11 DHT11;
LiquidCrystal lcd(12, 11, 10, 9, 8, 7);
int incomedate = 0;
int relayPin = 3;
void setup()
{
  Serial.begin(9600);
  pinMode(relayPin, OUTPUT);
  pinMode(DHT11PIN,OUTPUT);
  lcd.begin(16,2);
```

```
  lcd.clear();
  delay(1000);
}
void loop ()
{
  int chk = DHT11.read(DHT11PIN);
int tem=(float)DHT11.temperature;
int hum=(float)DHT11.humidity;
Serial.print("Humidity:");
Serial.print(hum);
Serial.print("Tempeature:");
   Serial.print(tem);
Serial.println("%");
delay(200);
   lcd.setCursor(0, 0) ;
   lcd.print("Tempeature:");
    lcd.print(tem);
   lcd.setCursor(0, 1) ;
   lcd.print("Humidity:");
   lcd.print(hum);

   if (tem >26)
   {
    digitalWrite(relayPin, LOW);
    Serial.println(" OPEN!");
   } else
   {
    digitalWrite(relayPin,HIGH);
    Serial.println("CLOSE!");
   }
   delay(500);
}
```

5.6　贪吃蛇游戏

5.6.1　总体设计

自从手机问世以来，贪吃蛇游戏就非常受欢迎。最初它是从黑白屏手机上而来，很快就变得非常有名。随着手机的发展，该游戏也发生了很大的变化，现在也可在彩屏版本上使用。贪吃蛇游戏也已成为电子爱好者和学生非常流行的 DIY 项目，本项目将制作基于 Arduino 控制的贪吃蛇休闲小游戏。本项目分为两个部分进行设计：显示部分和控制部分。显示部分主要功能是显示游戏界面和得分，控制部分控制贪吃蛇的运动方向和游戏开始。贪吃蛇休闲小游戏实物图如图 5–8 所示。

图 5–8　贪吃蛇休闲小游戏实物图

使用组件：

（1）Arduino UNO。

（2）8 × 8LED 点阵屏 1588ABEG-8。

（3）移位寄存器 74HC595。

（4）LCD1602。

（5）1k 电位器。

（6）按键开关。

（7）连接线。

（8）面包板。

（9）电源。

5.6.2　硬件说明

贪吃蛇游戏实现起来稍微复杂，本案例对其做了简化。为了完成这个项目，我们使用了 8×8LED 红色点阵来显示蛇及其食物，使用 LCD602 显示得分，使用五个按键控制方向和开始游戏，最后通过一块 Arduino UNO 来控制整个流程。图 5–9 和图 5–10 给出 8×8 点阵的引脚图以及制作好的硬件图。

本例中用到的 8×8LED 点阵型号为 1588ABEG-8，这是 18 脚的 8x8LED 点阵，上面 12 个引脚，下面 6 个引脚。左上 8 个低电平，右上 4 个和右下 4 个高电平，左下 2 个静电引脚，不接。线序如下：（负是低电，正是高电，数字是行或列数）

-8 -7 -6 -5 -4 -3 -2 -1 +4 +3 +2 +1

静电　　　　　　+5 +6 +7 +8

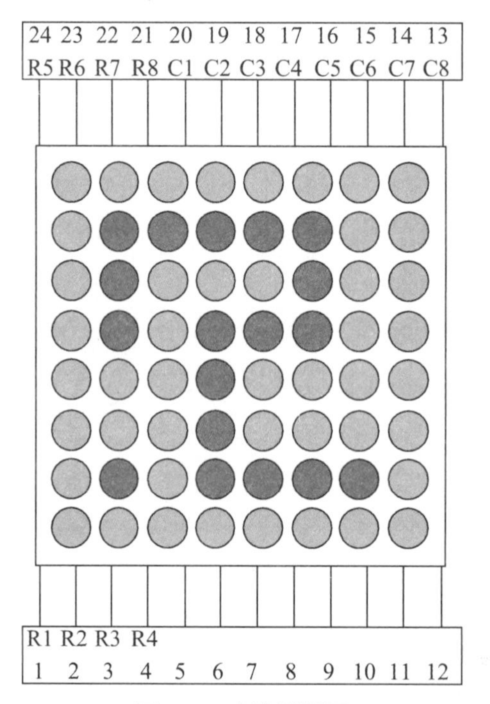

图 5–9　点阵引脚图

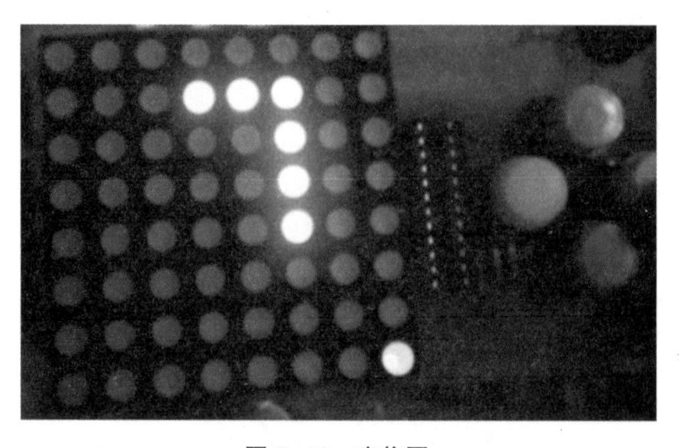

图 5–10　实物图

当上电后，首先在液晶屏上显示欢迎消息，然后显示“Press Start To Play”提示。然后 LCD 将分数显示为零，点阵上显示两个点表示蛇，一个点表示食物。

现在，用户需要按下中间按键开始游戏，并且默认情况下，蛇开始向上移动。然后，用户需要通过按中间按键周围的“方向键”来控制蛇的方向。在这里，我们使用了五个按键，即向左键，向右键，向上键，向下键和开始键。每当蛇到达食物点吃东西时，分数每次增加 5，蛇的长度每次增加 1 个点，蛇的速度也比以前快。每当蛇撞到任何墙壁或到达 LED 矩阵的边界时游戏结束。然后，用户需要按开始键再次开始游戏。

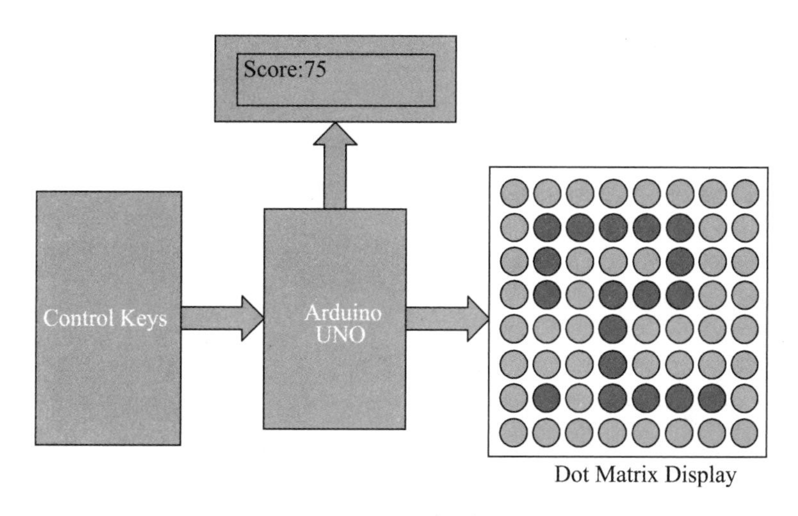

图 5-11　系统连接图

电路说明：

贪吃蛇电路并不复杂。在这里，我们通过使用移位寄存器 74HC595 连接点阵屏。使用两个移位寄存器，一个用于驱动列，另一个用于驱动行。列移位寄存器和行移位寄存器［SH,ST］这两个寄存器的控制引脚，分别连接到 Arduino 的 14 和 16 引脚。列移位寄存器和行移位寄存器的 DS 引脚连接到 Arduino 的 15 和 17 引脚。用于开始游戏的开始按键连接在 3 号引脚上，左方向按钮插在 4 号引脚上，右方向按钮插在 6 号引脚上，上方向按钮在引脚 2 上，下方向按钮插在引脚 5 上。LCD1602 的 RS 和 EN 引脚连接到 Arduino 的 13 和 12。RW 引脚接地。数据引脚 d4—d7 连接到 Arduino 的 11、10、9、8 引脚。其余连接参照如图 5-12 所示的电路原理图。

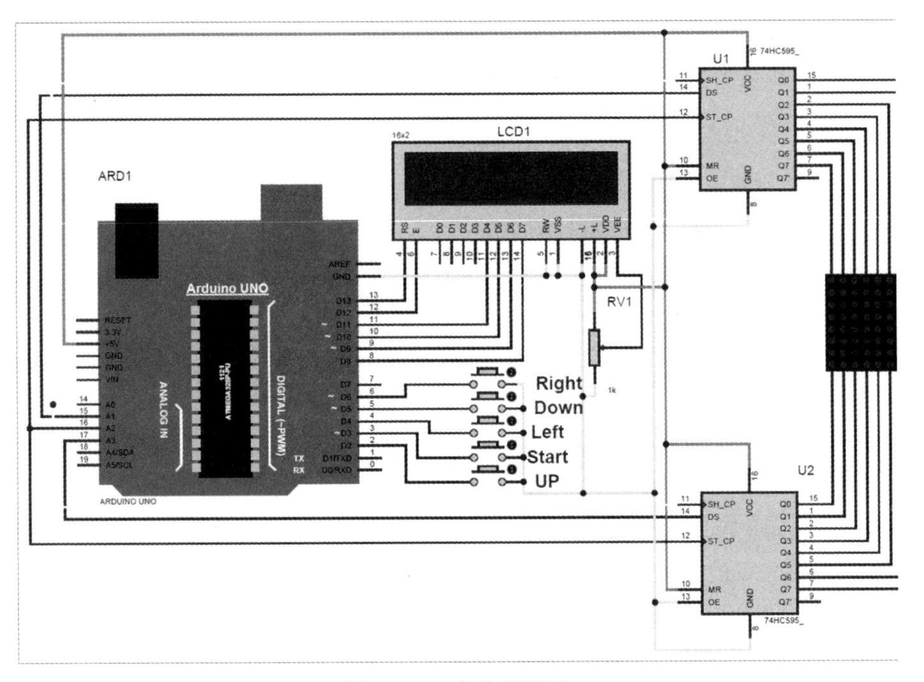

图 5-12　电路原理图

5.6.3　编程说明

要编写 Arduino 贪吃蛇游戏代码，首先包含 LCD 库头文件并定义 LCD 引脚，然后是方向按键和移位寄存器的相关引脚。

```
#include<LiquidCrystal.h>
LiquidCrystal lcd(13, 12, 11, 10, 9, 8);
#define ds_col 15  //
#define sh_col 16
#define st_col 14 // 即 A0，作为数字量使用时为 14
#define ds_row 17
#define start 3
#define up 2
#define down 5
#define left 4
#define right 6
char Col[21], Row[21], move_c, move_r;
int colum_data(int temp)
```

```
{
  switch (temp)
  {
    case 1: return 1; break;
    case 2: return 2; break;
    case 3: return 4; break;
    case 4: return 8; break;
    case 5: return 16; break;
    case 6: return 32; break;
    case 7: return 64; break;
    case 8: return 128; break;
    default: return 0; break;
  }
}
int row_data(int temp)
{
  switch (temp)
  {
    case 1: return 1; break;
    case 2: return 2; break;
    case 3: return 4; break;
    case 4: return 8; break;
    case 5: return 16; break;
    case 6: return 32; break;
    case 7: return 64; break;
    case 8: return 128; break;
    default: return 0; break;
  }
}
void read_button()
{
```

```
  if (!digitalRead(left))
  {
   move_r = 0;
   move_c != -1 ? move_c = -1 : move_c = 1;
   while (!digitalRead(left));
  }
  if (!digitalRead(right))
  {
   move_r = 0;
   move_c != 1 ? move_c = 1 : move_c = -1;
   while (!digitalRead(right));
  }
  if (!digitalRead(up))
  {
   move_c = 0;
   move_r != -1 ? move_r = -1 : move_r = 1;
   while (!digitalRead(up));
  }
  if (!digitalRead(down))
  {
   move_c = 0;
   move_r != 1 ? move_r = 1 : move_r = -1;
   while (!digitalRead(down));
  }
}
void show_snake(int temp)
{
 for (int n = 0; n < temp; n++)
 {
  int r, c;
  for (int k = 0; k < 21; k++)
```

```
      {
        int temp1 = Col[k];
        c = colum_data(temp1);
        int temp2 = Row[k];
        r = 0xff - row_data(temp2);
        for (int i = 0; i < 8; i++)
        {
          int ds = (c & 0x01);
          digitalWrite(ds_col, ds);
          ds = (r & 0x01);
          digitalWrite(ds_row, ds);
          digitalWrite(sh_col, HIGH);
          c >>= 1;
          r >>= 1;
          digitalWrite(sh_col, LOW);
        }
        digitalWrite(st_col, HIGH);
        digitalWrite(st_col, LOW);
        read_button();
        delayMicroseconds(500);
      }
    }
  }
void setup()
{
  lcd.begin(16, 2);
  pinMode(ds_col, OUTPUT);//
  pinMode(sh_col, OUTPUT);
  pinMode(st_col, OUTPUT);
  pinMode(ds_row, OUTPUT);
  pinMode(start, INPUT);
```

```
  pinMode(up, INPUT);
  pinMode(down, INPUT);
  pinMode(left, INPUT);
  pinMode(right, INPUT);
  digitalWrite(up, HIGH);
  digitalWrite(down, HIGH);
  digitalWrite(left, HIGH);
  digitalWrite(right, HIGH);
  digitalWrite(start, HIGH);
  lcd.setCursor(0, 0);
  lcd.print("  Snake game    ");
  lcd.setCursor(0, 1);
  lcd.print("Circuit Digest  ");
  delay(2000);
  lcd.setCursor(0, 0);
  lcd.print("   Press Start  ");
  lcd.setCursor(0, 1);
  lcd.print("    To Play     ");
  delay(2000);
}
void loop()
{
  int j, k, Speed = 40, score = 0;
  j = k = move_c = 0;
  move_r = 1;
  lcd.clear();
  lcd.setCursor(0, 0);
  lcd.print("Score: ");
  lcd.print(score);
  while (1)
  {
```

```
for (int i = 3; i < 21; i++)
{
 Row[i] = 100;
 Col[i] = 100;
}
Row[0] = rand() % 8 + 1;
Col[0] = rand() % 8 + 1;
Row[1] = 1;
Col[1] = 1;
Row[2] = 2;
Col[2] = 1;
j = 2, k = 1;
while (k == 1)
{
 move_c = 0;
 move_r = 1;
 show_snake(1);
 lcd.setCursor(7, 0);
 lcd.print(score);
 if (!digitalRead(start))
 {
  k = 2;
  Speed = 40;
  score = 0;
 }
}
while (k == 2)
{
 show_snake(Speed);
 if (Row[1] > 8 || Col[1] > 8 || Row[1] < 0 || Col[1] < 0)
 {
```

```
        Row[1] = 1;
        Col[1] = 1;
        k = 1;
        lcd.setCursor(0, 1);
        lcd.print("Game Over");
        delay(5000);
        score = 0;
        lcd.clear();
        lcd.setCursor(0, 0);
        lcd.print("Score: ");
        lcd.print(score);
      }
      if (Row[0] == Row[1] + move_r  &&  Col[0] == Col[1] + move_c)
      {
        j++;
        Speed -= 2;
        score = score + 5;
        lcd.setCursor(7, 0);
        lcd.print(score);
        Row[0] = rand() % 8 + 1;
        Col[0] = rand() % 8 + 1;
      }
      for (int i = j; i > 1; i--)
      {
        Col[i] = Col[i - 1];
        Row[i] = Row[i - 1];
      }
      Col[1] = Col[2] + move_c;
      Row[1] = Row[2] + move_r;
    }
  }
}
```

思维拓展：

在本项目中，贪吃蛇的上下左右方向控制，我们用的是四个按钮分别实现的，其实用摇杆控制也能满足要求，还能有更好的手感。摇杆一般在航模中的无人机、电玩、遥控车、云台等设备上应用广泛，很多带有屏幕的设备也经常使用摇杆作为菜单选择的输入控制。摇杆模块如图 5-12 所示。

图 5-12　摇杆模块

双轴按键摇杆主要由两个电位器和一个按键开关组成，两个电位器随着摇杆扭转角度分别输出 X、Y 轴上对应的电压值，在 Z 轴方向上按下摇杆可触发轻触按键；具有 2 轴（X，Y）模拟输出，1 路（Z）按钮数字输出；在配套机械结构的作用下，无外力扭动的摇杆初始状态下，两个电位器都处在量程的中间位置。它本质就是两个电位器和一个按键的组合体，感兴趣的同学可以查阅相关资料，用摇杆来代替按键，完成小游戏的制作。

5.7　万年历

5.7.1　总体设计

本节介绍一种使用 Arduino 显示日历、时间的万年历系统的软硬件设计方法。另外，该万年历还具有温湿度显示功能。利用实时时钟模块 PCF8563、温湿度传感器 DHT11、按键和 LCD Keypad Shield，实现一个万年历及温湿度显示系统。通过 4 个按键，实现时钟、日历的在线修改以及万年历和温湿度检测的切换。PCF8563 模块带有后备电池，掉电后能保持内部时钟正常运行。

（1）时钟芯片的型号有很多，如 DS3231、PCF8563 等，本设计选用 PCF8563，引脚如图 5-13 所示。它是 PHILIPS 公司推出的一款工业级内含 I^2C 总线接口功能的具有极低功耗的多功能时钟芯片。PCF8563 的多种报警功能、定时器功能、时钟输出功能以及中断输出功能，可以完成各种复杂的定时服务。是一款性价比极高的时钟芯片，它已被广泛用于电表、水表、气表、电话、传真机、便携式仪器以及电池供电的仪器仪表等产品领域。

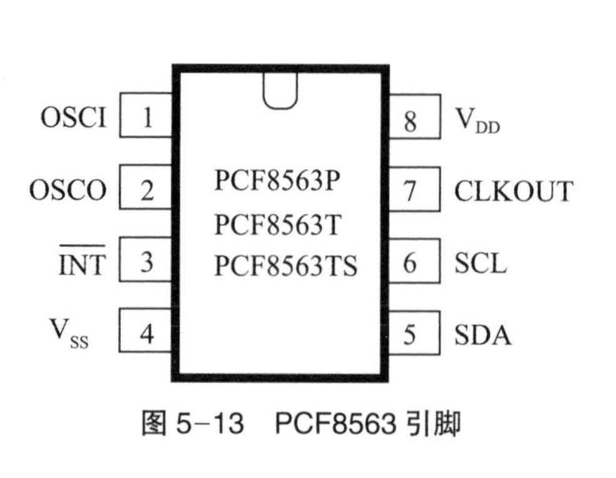

图 5-13　PCF8563 引脚

（2）DHT11 数字温湿度传感器是一款含有已校准数字信号输出的温湿度复合传感器，它应用专用的数字模块采集技术和温湿度传感技术，确保产品具有极高的可靠性和卓越的长期稳定性。传感器包括一个电阻式感湿元件和一个 NTC 测温元件，并与一个高性能 8 位单片机相连接。因此该产品具有品质卓越、超快响应、抗干扰能力强、性价比极高等优点。每个 DHT11 传感器都在极为精确的湿度校验室中进行校准。校准系数以程序的形式存在 OTP 内存中，传感器内部在检测信号的处理过程中要调用这些校准系数。单线制串行接口，使系统集成变得简易快捷。超小的体积、极低的功耗，使其成为该类应用中，在苛刻应用场合的最佳选择。产品为 4 针单排引脚封装，连接方便，实物如图 5-14 所示。

图 5-14　DHT11 数字温湿度传感器

（3）LCD Keypad Shield 是一款提供 2 行 16 字符液晶显示的 Arduino 扩展板。扩展了多个按键输入，可供用户作为 LCD 显示屏的菜单选择按键或者操控按键使用。一个扩展板就能让你与 Arduino 设备进行互动。我们还扩展 Arduino Reset 按键，方便用户进行软件调试。用户通过调节扩展板上的蓝色电位器，能够帮助您调节 LCD 屏的对比度。LCD Keypad Shield 实物如图 5-15 所示。

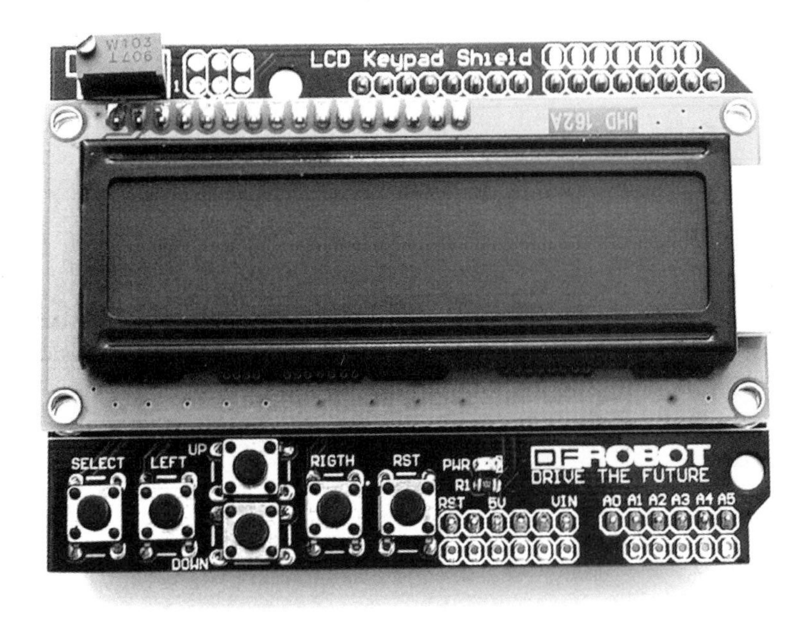

图 5-15　LCD 键盘模块

对于 Arduino 初学者来说，不必为繁琐复杂液晶驱动电路连线而头疼了，这款 LCD 扩展板将电路简化，直接将此板插到 Arduino Duemilanove 或 UNO 控制器上即可使用，调用 Arduino 自带的 LCD 库，简单的几行代码便可以完成数据和字符的显示功能，还能学习自定义显示内容。

5.7.2　硬件连接

万年历实物连接图如图 5-16 所示。

图 5-16　万年历实物连接图

液晶和按键采用标准模块 LCD Keypad Shield，按键在 LCD Keypad Shield 扩展板上已经连接到 A0 上，采用模拟量输入识别按键。PCF8563 模块采用 I^2C 总线接口，DHT11 模块采用单总线接口。引脚说明如表 5-2 所列。

表 5-2　引脚说明

PCF8563 模块引脚	引脚说明	Arduino 引脚编号
Vcc	电源	5V
SDA	串行数据 I/O	UNO（A4） 2560（D20）
SCL	串行时钟输入	UNO（A5） 2560（D21）
GND	地	GND
DHT11 模块引脚	引脚说明	Arduino 引脚编号
Vcc-	电源	5V
DATA	数据输出	2
GND	地	GND
扩展板按键名称	按键功能定义	Arduino 引脚编号
SELECT	参数修改	A0
UP	增加	
DOWN	减少	
RIGTH	确认	

时钟芯片 PCF8563 的类库函数如下：

Rtc_Pcf8563 是 PCF8563 的第三方类库，包含多个成员函数，下面以对象名 rtc 为例介绍其主要的几个成员函数。

（1）getDateTime()。

功能：读取内部日历、时钟。读取所有设备寄存器（包括设定闹钟寄存器）到变 量 中：day，weekday，month，century，year，hour，minute, sec，alarm_minute，alarm_hour，alarm_day，alarm_weekday。

语法格式：rtc.getDateTime()。

参数说明：无。

返回值：无。

（2）setDateTime()。

功能：设定日历、时钟。

语法格式：rtc.setDateTime(byte day, byte weekday, byte month, bool century, byte year, byte hour, byte minute, byte sec)。

参数说明：按照日、周、月、世纪、年、小时、分和秒顺序设定。世纪：0=20xx，1=19xx。

返回值：无

（3）getSecond()。

功能：读取秒寄存器的内容。调用该函数前，应首先执行 getDateTime() 函数。

语法格式：rtc.getSecond()。

参数说明：无。

返回值：秒。

成员函数 rtc.getMinute()、rtc.getHour()、rtc.getDay()、rtc.getMonth()、getYear()、getWeekday()、rtc.getAlarmMinute()、rtc.getAlarmHour()、rtc.getAlarmWeekday() 的调用方法和 rtc.getSecond() 类似，按顺序其功能分别是读取分钟、小时、日、月、年、周、分报警、小时报警和周报警等。

（4）formatDate。

功能：格式化 data 数据。

语法格式：rtc.formatDate(byte style)。

参数说明：style：RTCC_DATE_ASIA 代表 yyyy-mm-dd 格式；RTCC_DATE_US 代表 mm/dd/yyyy 格式；RTCC_DATE_WORLD 或默认代表 dd-mm-yyyy 格式。

返回值：格式化后的字符串。

（5）formatTime。

功能：格式化 time 数据。

语法格式：rtc.formatTime(byte style)。

参数说明：style：RTCC_TIME_HM 只输出时分；RTCC_TIME_HMS 或默认：输出时分秒。

返回值：格式化后的字符串。

5.7.3　参考程序

程序编译下载后，液晶屏幕上显示当前的时间和日历，通过确认按钮切换显示当前的时间、日历或当前温度和湿度。当需要调整时钟和日历时，通过参数修改键将光标移动至要修改的参数位置，再通过增加或减少键进行修改，修改后再按确认键返回。参考程序如下。

```
//8563 时钟模块、DHT11 模块。
// 在 LCD 上显示时钟和日历，温度和湿度。通过确认键切换显示内容。
#include <Rtc_Pcf8563.h>
#include <LiquidCrystal.h>
#include "dht11.h"
Rtc_Pcf8563 rtc;                          // 定义一个对象 rtc
dht11 DHT11;
#define DHT11PIN 2                         // 定义 DHT11 模块引脚
const int rs = 8, en = 9, d4 = 4, d5 = 5, d6 = 6, d7 = 7;  //LCD1602 引脚
LiquidCrystal lcd(rs, en, d4, d5, d6, d7);
byte day, weekday, month, century, year;          // 定义日期变量
byte hr, minute, sec  ;                    // 定义时间变量
char time_str[16];                        // 时间
char data_str[16];                        // 日历
char strOut[8];
char time_Out[16];
int  key_in = A0;                         // 模拟量按键
int  key_v[4] = {0x2D , 0x13, 0x8, 0x00 };         // 预存键值
int  flag = 0;                            // 显示时钟状态
int  flag1 = 0xff;                        // 初始没有按键状态
int  key;                                 // 按键
int  key1;                                // 防止重键
String week[7] = {"Mon ", "Tue ", "Wed ", "Thur", "Fri ", "Sat ", "Sun "};
byte Centigrade[8] = {                     // 定义℃显示符号
 B10000,
 B00110,
 B01001,
 B01000,
 B01000,
 B01001,
 B00110,
```

```
  B00000
};
void setup() {
  lcd.begin(16, 2);                      // 液晶初始化
  lcd.createChar(0, Centigrade);              // 在地址 0 创造℃字符
  getclock();                     // 读取当前时钟
}
void loop() {                      // 主循环函数
  read_key();
  if (key != 0)
  {
    switch (key) {
      case 1: Select();   break;              // 选择键
      case 2: Reduce();  break;              // 增加键
      case 3: Increase(); break;               // 减少键
      case 4: Return();   break;              // 确认键
    }
    key = 0;
  }
  if (flag == 0)
    time_display();
  else  if (flag == 1)
    temp_display();
  else  if (flag == 2)
    set_display();
}
void getclock() {                       // 读日历、时钟
  rtc.getDateTime();
  sec = rtc.getSecond();
  minute = rtc.getMinute();
  hr = rtc.getHour();
```

```
  day = rtc.getDay();
  month = rtc.getMonth();
  year = rtc.getYear();
  weekday = rtc.getWeekday();
}
void set_display() {                    // 参数修改状态，在相应位置光标闪烁
  lcd.cursor();
  lcd.blink();
  if (flag1 != 0xff) {
    switch (flag1) {
      case 0: lcd.setCursor(10, 0); lcd.print(sec / 10); lcd.print(sec % 10); lcd.setCursor(11, 0); break;
      case 1: lcd.setCursor(7, 0); lcd.print(minute / 10); lcd.print(minute % 10); lcd.setCursor(8, 0); break;
      case 2: lcd.setCursor(4, 0); lcd.print(hr / 10); lcd.print(hr % 10); lcd.setCursor(5, 0); break;
      case 3: lcd.setCursor(12, 1); lcd.print(week[weekday - 1]); lcd.setCursor(15, 1); break;
      case 4: lcd.setCursor(8, 1); lcd.print(day / 10); lcd.print(day % 10); lcd.setCursor(9, 1); break;
      case 5: lcd.setCursor(5, 1); lcd.print(month / 10); lcd.print(month % 10); lcd.setCursor(6, 1); break;
  case6: lcd.setCursor(0, 1); lcd.print("20"); lcd.print(year / 10); lcd.print(year % 10); lcd.setCursor(3, 1); break;
    }
  }
}
void time_display()                     // 显示日历、时钟
{
  lcd.noCursor();
  lcd.noBlink();
```

```
  lcd.setCursor(4, 0);
  lcd.print(rtc.formatTime());
  lcd.setCursor(0, 1);
  lcd.print(rtc.formatDate(RTCC_DATE_ASIA));
  lcd.setCursor(12, 1);
  lcd.print(week[rtc.getWeekday() - 1]);
}
void temp_display() {                    // 温湿度显示
  DHT11.read(DHT11PIN);
  int temperature = DHT11.temperature;        // 温度
  int humidity = DHT11.humidity;             // 湿度
  lcd.setCursor(4, 0);
  lcd.print("T=");
  lcd.print(temperature);
  lcd.write(byte(0));
  lcd.print("");
  lcd.setCursor(4, 1);
  lcd.print("H=");
  lcd.print(humidity);
  lcd.print("%  ");
}
void read_key() {                        // 读按键
  int key_Value = analogRead(A0) >> 4;       // 读取 AD 高 8 位
  if (key_Value != 0x3f) {                 // 无键按下时键值是 0x3f
    delay(120);
    key_Value = analogRead(key_in) >> 4;
    if (key_Value != 0x3f) {
      for (int i = 0; i < 4; i++)  {
        if (key_Value >= key_v[i] - 1 && key_Value <= key_v[i] + 1) // 取一个范围
          key = i + 1;                  // 键值从 1 开始
      }
```

```
      }
      if (key1 != key)                    // 防止连键
        key1 = key;
      else
        key = 0;
    }
  }
  void Select() {                         // 参数修改键
    getclock();
    rtc.setDateTime(day, weekday, month, 0, year, hr, minute, sec);
    if (flag == 1) {
      flag = 0;
    }
    else  {
      flag = 2;
      if (flag1 == 0xff)
        flag1 = 0;
      else if (flag1 < 6) {
        flag1 += 1;
        rtc.setDateTime(day, weekday, month, 0, year, hr, minute, sec);
      }
      else flag1 = 0;
    }
  }
  void Reduce() {                         // 减少键
    if (flag1 != 0xff) {
      switch (flag1)  {
        case 0:  if (sec == 0)  sec = 59;  else sec -= 1;  break;
        case 1:  if (minute == 0)  minute = 59;  else minute -= 1;  break;
        case 2:  if (hr == 0)  hr = 23;  else hr -= 1;  break;
        case 3:  if (weekday == 1)  weekday = 7;  else weekday -= 1;  break;
```

```
      case 4:  if (day == 1)  day = 31;  else day -= 1;  break;
      case 5:  if (month == 1)  month = 12;  else month -= 1;  break;
      case 6:  if (year == 0)  year = 99;  else year -= 1;  break;
    }
    rtc.setDateTime(day, weekday, month, 0, year, hr, minute, sec);
  }
}
void Increase() {                          // 增加键
  if (flag1 != 0xff)  {
    switch (flag1)   {
      case 0:  if (sec == 59)  sec = 0;  else sec += 1;  break;
      case 1:  if (minute == 59)  minute = 0;  else minute += 1; break;
      case 2:  if (hr == 23)  hr = 0;  else hr += 1;  break;
      case 3:  if (weekday == 7)  weekday = 1;  else weekday += 1;  break;
      case 4:  if (day == 31)  day = 1;  else day += 1;  break;
      case 5:  if (month == 12)  month = 1;  else month += 1;  break;
      case 6:  if (year == 99)  year = 0;  else year += 1;  break;
    }
    rtc.setDateTime(day, weekday, month, 0, year, hr, minute, sec);
  }
}
void Return() {                          // 确认键
  if (flag1 != 0xff)  {
    rtc.setDateTime(day, weekday, month, 0, year, hr, minute, sec);
    flag1 = 0xff;
    flag = 0;
  }
  else {
    flag = !flag;
    lcd.clear();
    flag1 = 0xff;
```

```
    }
}
```

思维推展：

万年历的外观大家可以再进行优化，也可以加入蜂鸣器实现闹钟的功能。如图 5-17 所示，将舵机和万年历结合的万年历机器人，除了可以显示时间，它还可以做一些点头、摆手等简单的动作。

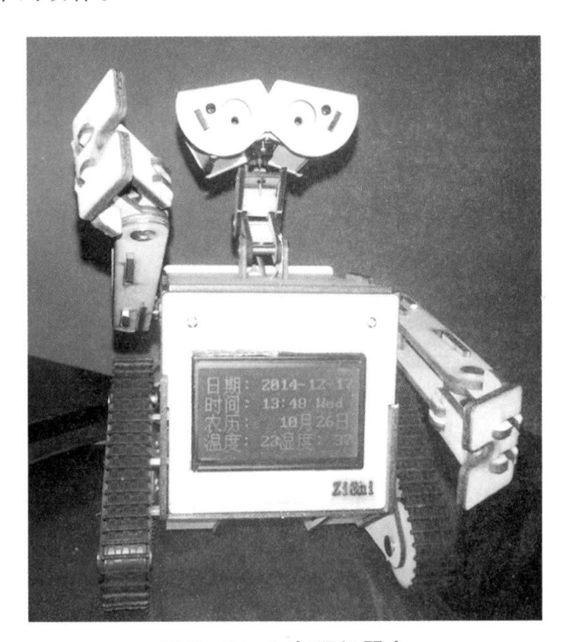

图 5-17　万年历机器人

5.8　超声波雷达

超声波（Ultrasound，又称超声波雷达）定位，即使用发射探头发出频率大于 20 kHz 的声波和计算飞行时间来探测距离。常用的超声波频率有 40 kHz、48 kHz 和 58 kHz，其中最常用的频率是 40 kHz。使用超声波定位，一般精度在 1 ~ 3 cm 之间，探测适用范围在 0.2 ~ 5 m 之间。

超声波雷达主要利用超声波和舵机模块实现周期性往返扫描，并将扫描结果利用 processing 显示在电脑屏幕上，如图 5-18 所示。Processing 是一种功能强大且有趣的桌面编程语言，最初是为了帮助编码爱好者学习编程的基础知识。现在 Processing 是一个开源开发工具，强调代码的可视化表示。我们本案例将利用 Processing 创建简单用户界面（GUI），并将 Arduino 与 Processing 通信。Processing 的下载链接如下：https://processing.org/download。

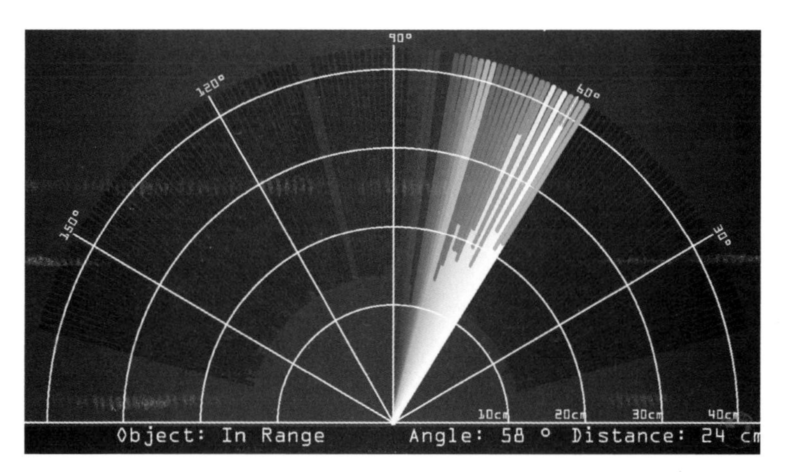

图 5-18　雷达图

接线主要分两大部分：超声波模块和舵机。要实现扫描功能，所以需要把超声波模块固定在舵机上，如图 5-19 所示。

图 5-19　舵机与超声模块结合

下面为 Arduino 部分程序

```
#include<stdio.h>
#include <Servo.h>
Servo mServo; // 创建一个舵机控制对象
int mAngleNum = 0; // 当前角度
char mFront = 0; // 当前是正向旋转还是反向旋转
```

```
const int mTrigPin = 3;
const int mEchoPin = 2;
int mDistance = 0; // 当前距离
void sendStatusToSerial(); // 像串口发送数据 发送到 processing
void ranging(); // 测距
void setup() {
Serial.begin(9600);
mServo.attach(12); // 该舵机由 arduino 第 12 脚控制
pinMode(mTrigPin, OUTPUT);
pinMode(mEchoPin, INPUT); // 要检测引脚上输入的脉冲宽度，需要先设置为输入状态
}
void loop() {
mServo.write(180 - mAngleNum); // 多角度设置
ranging(); // 超声波测距
sendStatusToSerial(); // 发数据
delay(60);
if( mFront == 0 )
{
  mAngleNum ++;
  if( mAngleNum > 180 )
   {
     mFront = 1;
   }
}
else {
  mAngleNum --;
  if( mAngleNum < 0 )
  {
    mFront = 0;
  }
```

```
}
}
// 发送当前状态到串口
void sendStatusToSerial()
{
char mAngleStr[6];
char mDistanceStr[6];
sprintf( mAngleStr, "%d", mAngleNum);
sprintf( mDistanceStr, "%d", mDistance);
delayMicroseconds(2);
Serial.print(mAngleStr);
Serial.print(",");
Serial.print(mDistanceStr);
Serial.print(".");
delay(50);
}

// 测距
void ranging()
{
// 产生一个 10us 的高脉冲去触发 TrigPin
digitalWrite(mTrigPin, LOW); // 低高低电平发一个短时间脉冲去 TrigPin
delayMicroseconds(2);
digitalWrite(mTrigPin, HIGH);
delayMicroseconds(10);
digitalWrite(mTrigPin, LOW);
mDistance = pulseIn(mEchoPin, HIGH) / 58.0; // 将回波时间换算成 cm
}
```

下面为 Processing 部分程序：

```
import processing.serial.*;
import java.awt.event.KeyEvent;
import java.io.IOException;
PFont font;
Serial myPort;
String angle="";
String distance="";
String data="";
String noObject;
float pixsDistance;
int iAngle, iDistance;
int index1=0;
int index2=0;
PFont orcFont;
void setup() {
size (1200, 700); // 这个分辨率自己根据你的电脑的配置和显示屏幕配置进行
更改。
smooth();
font = createFont(" 宋体 .vlw",48);
textFont(font);
myPort = new Serial(this,"COM5", 9600); // 这个串口号一定要更改。
myPort.bufferUntil('.');
}
void draw() {
fill(98,245,31);
noStroke();
fill(0,4);
rect(0, 0, width, height-height*0.065);
fill(98,245,31);
drawRadar();
```

```
drawLine();
drawObject();
drawText();
}
void serialEvent (Serial myPort) {
data = myPort.readStringUntil('.');
data = data.substring(0,data.length()-1);
index1 = data.indexOf(",");
angle= data.substring(0, index1);
distance= data.substring(index1+1, data.length());
iAngle = int(angle);
iDistance = int(distance);
}
void drawRadar() {
pushMatrix();
translate(width/2,height-height*0.074);
noFill();
strokeWeight(2);
stroke(98,245,31);
// draws the arc lines
arc(0,0,(width-width*0.0625),(width-width*0.0625),PI,TWO_PI);
arc(0,0,(width-width*0.27),(width-width*0.27),PI,TWO_PI);
arc(0,0,(width-width*0.479),(width-width*0.479),PI,TWO_PI);
arc(0,0,(width-width*0.687),(width-width*0.687),PI,TWO_PI);
// draws the angle lines
line(-width/2,0,width/2,0);
line(0,0,(-width/2)*cos(radians(30)),(-width/2)*sin(radians(30)));
line(0,0,(-width/2)*cos(radians(60)),(-width/2)*sin(radians(60)));
line(0,0,(-width/2)*cos(radians(90)),(-width/2)*sin(radians(90)));
line(0,0,(-width/2)*cos(radians(120)),(-width/2)*sin(radians(120)));
line(0,0,(-width/2)*cos(radians(150)),(-width/2)*sin(radians(150)));
```

```
line((-width/2)*cos(radians(30)),0,width/2,0);
popMatrix();
}
void drawObject() {
pushMatrix();
translate(width/2,height-height*0.074);
strokeWeight(9);
stroke(255,10,10); // red color
pixsDistance=iDistance*((height-height*0.1666)*0.025);
if(iDistance<40){
line(pixsDistance*cos(radians(iAngle)),-pixsDistance*sin(radians(iAngle)),(width-
width*0.505)*cos(radians(iAngle)),-(width-width*0.505)*sin(radians(iAngle)));
}
popMatrix();
}
void drawLine() {
pushMatrix();
strokeWeight(9);
stroke(30,250,60);
translate(width/2,height-height*0.074);
line(0,0,(height-height*0.12)*cos(radians(iAngle)),-(height-height*0.12)*sin(radia
ns(iAngle)));
popMatrix();
}
void drawText() {
pushMatrix();
if(iDistance>40) {
noObject = " 检测范围外 ";
}else {
noObject = " 检测范围内 ";
}
```

```
fill(0,0,0);
noStroke();
rect(0, height-height*0.0648, width, height);
fill(98,245,31);
textSize(25);
text("10cm",width-width*0.3854,height-height*0.0833);
text("20cm",width-width*0.281,height-height*0.0833);
text("30cm",width-width*0.177,height-height*0.0833);
text("40cm",width-width*0.0729,height-height*0.0833);
textSize(28);
text(" 对象 : " + noObject, width-width*0.875, height-height*0.0277);
text(" 角度 : " + iAngle +" °  ", width-width*0.48, height-height*0.0277);
text(" 距离 : ", width-width*0.26, height-height*0.0277);
if(iDistance<40) {
text(" " + iDistance +"cm", width-width*0.225, height-height*0.0277);
}
textSize(25);
fill(98,245,60);
translate((width-width*0.4994)+width/2*cos(radians(30)),(height-height*0.0907)-
width/2*sin(radians(30)));
rotate(-radians(-60));
text("30°  ",0,0);
resetMatrix();
translate((width-width*0.503)+width/2*cos(radians(60)),(height-height*0.0888)-
width/2*sin(radians(60)));
rotate(-radians(-30));
text("60°  ",0,0);
resetMatrix();
translate((width-width*0.507)+width/2*cos(radians(90)),(height-height*0.0833)-
width/2*sin(radians(90)));
rotate(radians(0));
```

```
    text("90°  ",0,0);
    resetMatrix();
    translate(width-width*0.513+width/2*cos(radians(120)),(height-height*0.07129)-
width/2*sin(radians(120)));
    rotate(radians(-30));
    text("120°  ",0,0);
    resetMatrix();
    translate((width-width*0.5104)+width/2*cos(radians(150)),(height-height*0.0574)-
width/2*sin(radians(150)));
    rotate(radians(-60));
    text("150°  ",0,0);
    popMatrix();
    }
```

参考文献

［1］李永华，王思野，乔媛媛 . Arduino 案例实战［M］. 北京：清华大学出版社，2015.

［2］陈吕洲 . Arduino 程序设计基础［M］. 北京：北京航空航天大学出版社，2014.

［3］赵英杰 . 完美图解 Arduino 互动设计入门［M］. 北京：科学出版社，2014.

［4］宋楠，韩广义 . Arduino 开发从零开始学［M］. 北京：清华大学出版社，2014.

［5］Jeremy Blum. Arduino 魔法书［M］. 王俊升，译 . 北京：电子工业出版社，2014.

［6］李兰英，韩剑辉，周昕 . 基于 Arduino 的嵌入式系统入门与实践［M］. 北京：人民邮电出版社，2020.

［7］李永华 . Arduino 项目开发［M］. 北京：清华大学出版社，2019.

［8］John Boxall. 动手玩转 Arduino［M］. 翁凯，译 . 北京：人民邮电出版社，2014.

［9］https://baike.baidu.com/item/%E4%B8%B2%E8%A1%8C%E6%8E%A5%E5%8F%A3/2909564?fromtitle=%E4%B8%B2%E5%8F%A3&fromid=1250303&fr=aladdin

［10］https://blog.csdn.net/wb790238030/article/details/83502823

［11］https://circuitdigest.com/microcontroller-projects/arduino-snake-game-using-8x8-led-matrix